本书得到 2020 年 9 月国家自然科学基金项目"登陆北部湾台风引起的广西沿岸风暴流产生机制研究(批准号:42066002)"经费资助。

陈妍宇　陈　波　鲍献文　侍茂崇◎编著

北部湾环流与相关生态环境研究

中国海洋大学出版社

·青岛·

图书在版编目（CIP）数据

北部湾环流与相关生态环境研究/陈妍宇等编著．
—青岛：中国海洋大学出版社，2024.1
ISBN 978-7-5670-3804-2

Ⅰ．①北…　Ⅱ．①陈…　Ⅲ．①北部湾－大洋环流－研
究②北部湾－海洋环境－生态环境－研究　Ⅳ.
① P731.27② X145

中国国家版本馆 CIP 数据核字（2024）第 025739 号

BEIBUWAN HUANLIU YU XIANGGUAN SHENGTAI HUANJING YANJIU

北部湾环流与相关生态环境研究

出版发行	中国海洋大学出版社
社　　址	青岛市香港东路 23 号　　　　邮政编码　　266071
出 版 人	刘文菁
网　　址	http://pub.ouc.edu.cn
电子信箱	zwz_qingdao@sina.com
责任编辑	邹伟真　刘　琳　　　　　　电　　话　　0532-85902533
装帧设计	青岛汇英栋梁文化传媒有限公司
印　　制	青岛海蓝印刷有限责任公司
版　　次	2024 年 1 月第 1 版
印　　次	2024 年 1 月第 1 次印刷
成品尺寸	185 mm × 260 mm
印　　张	8.25
字　　数	146 千
印　　数	1—800
定　　价	129.00 元
审 图 号	GS 鲁（2023）0389 号
订购电话	0532-82032573（传真）

发现印装质量问题，请致电 13335059885，由印刷厂负责调换。

中国海湾大多三面环陆，一面对海开放，这些海湾水平衡和热平衡比较简单，而北部湾却有两个通道与外海进行水交换：东面是东西走向的琼州海峡，南面是北部湾湾口。冬季，在北风作用下，北部湾海水流向湾口，于是琼州海峡水大量进入北部湾，以补充流走的水体；夏季，北部湾由南风主导，湾口的海水进入北部湾，在湾北部堆积，阻碍琼州海峡水的流入，因此琼州海峡注入北部湾的水量急剧减少。由此可见，研究北部湾的水平衡和热平衡，就要研究这两个通道水量和热量此消彼长的定量过程。

琼州海峡水进入北部湾流量的平均值为 $6 \times 10^4 \, \text{m}^3/\text{s}$，相当于长江平均流量的 2.13 倍，且东口南侧（海南岛东北部）存在上升流，使得东口水温低于西口，是通常所说的"寒流"，对北部湾海水温度有显著调节作用。

琼州海峡水与湾口水彼此之间运动，在北部湾内形成复杂的锋面结构和众多"斑块状"上升流区，加之沿岸径流的注入，使北部湾成为中国著名的渔场，并支持着红树林、珊瑚礁、儒艮（被列入《世界自然保护联盟濒危物种红色名录》）、布氏鲸（国家一级重点保护野生动物）等生物的生存和发展。北部湾是名副其实的"宝湾"。

鉴于此，陈妍宇同学博士论文选择"北部湾环流、水平衡及其对区域生态的影响研究"就可以理解了。在其导师鲍献文教授的指导过程中，获得浙江省海洋科学院（自然资源部海洋空间资源管理技术重点实验室）的支持，提供了相应的计算资源和相关材料，并参与了广西科学院陈波研究员的国家基金项目"登陆北部湾台风引起的广西沿岸风暴流产生机制研究（批准号：42066002）"有关研究工作。为了便于读者阅读，我将陈妍宇博士论文进行缩编，并正式出版。

本书有诸多创新，对北部湾未来科学研究有很好的促进作用，概括起来有以下几点。

（一）经大量实测的历史资料检验，给出迄今比较符合实际的北部湾多年逐月平均、多层环流，给北部湾其他学科研究提供了可信的动力学背景。

（二）第一次给出琼州海峡多年、逐月平均入流流量和北部湾口多年逐月平均出流的流量和路径。两者之间的水平衡与北部湾逐月平均海平面变化一致。

（三）经大量实测的历史资料检验，该书给出北部湾上升流的"斑块状"构造和分布，对今后北部湾生态环境研究大有裨益。

（四）对北部湾涠洲岛珊瑚礁白化原因，在承认地球变暖是主要因素的基础上，还提出琼州海峡进入北部湾的热量也是不可或缺的要素，并通过逐月温度场计算，给出导致石珊瑚白化的升温时间和量值，对北部湾珊瑚生态保护有很大促进作用。

陈妍宇同学的研究成果，离不开前人对北部湾的开拓性调查与研究，在此向他们表示衷心感谢！又因为她无法获得详细的测深资料和径流（特别是红河）资料，致使研究结果还有许多不尽如人意之处，敬请大家批评指正。

侍茂崇

2024 年 1 月

CONTENTS 目录

第1章 概　述 1

1.1 物理海洋学研究 ··· 1
1.1.1 潮汐与潮流的研究 ··· 1
1.1.2 环流形态的研究 ··· 2
1.1.3 琼州海峡水交换研究 ··· 3
1.1.4 北部湾上升流的研究 ··· 3
1.2 环流与地质、生态关系的研究 ··· 3
1.2.1 环流与底质 ··· 3
1.2.2 环流与生态 ··· 4
参考文献 ·· 4

第2章 研究方法及验证资料 7

2.1 数值构建 ·· 7
2.1.1 模型计算区域及网格介绍 ··· 7
2.1.2 模型数据 ·· 8
2.1.3 模型配置 ·· 10
2.2 验证数据 ·· 11
2.2.1 MODIS 遥感数据 ·· 11
2.2.2 北部湾海流实测资料 ··· 11
2.3 模型验证 ·· 13
参考文献 ·· 17

第3章 北部湾多年(1993—2012 年)平均环流特征 19

3.1 影响北部湾环流的动力因素 ··· 19
3.2 表层平均环流特征 ··· 22
3.2.1 气旋式环流 ··· 23
3.2.2 反气旋式环流 ··· 24

3.3 中层平均环流特征 ·· 24
　　3.3.1 冬半年的气旋式环流 ··· 24
　　3.3.2 夏半年的复杂结构环流 ····································· 26
3.4 底层平均环流特征 ·· 26
　　3.4.1 与中层环流相似与相异之处 ······························· 26
　　3.4.2 底层环流特点 ··· 28
参考文献 ·· 28

第4章　广西近海水体输运实测资料与计算结果验证　30

4.1 铁山湾南面反气旋涡 ··· 30
4.2 防城港以西水体输运 ··· 31
　　4.2.1 多年平均流场分布 ··· 31
　　4.2.2 易变性 ··· 31
4.3 涠洲岛海流与夏季绕岛环流 ··· 35
　　4.3.1 多年平均环流 ··· 35
　　4.3.2 佐证 ··· 35
4.4 广西近海上升流 ·· 36
　　4.4.1 广西近海上升流基本特征 ····································· 36
　　4.4.2 涠洲岛上升流 ··· 40
4.5 越南东岸红河径流对广西近海水体影响 ····························· 41
　　4.5.1 冬半年红河水偏南向运动 ····································· 41
　　4.5.2 夏半年红河水偏北向运动 ····································· 41
4.6 广西附近海域底质与环流 ·· 43
　　4.6.1 北部湾北部浅海沉积物的基本特征 ··························· 43
　　4.6.2 北部湾北部浅海沉积物的分布与水动力关联 ················· 44
4.7 广西附近海域浮游动物分布特征与环流 ······························ 45
　　4.7.1 实测结果 ·· 45
　　4.7.2 数值计算结果 ·· 47
参考文献 ·· 47

第5章　海南岛西岸近海水体输运　48

5.1 海南岛西岸(洋浦—莺歌嘴)的海流 ································· 48
　　5.1.1 春季 ··· 48
　　5.1.2 夏季 ··· 49
　　5.1.3 秋季 ··· 51
　　5.1.4 冬季 ··· 52
5.2 洋浦近海海流的易变性 ··· 52

　　　5.2.1　冬季 ·· 52

　　　5.2.2　夏季 ·· 54

　　　5.2.3　秋季 ·· 55

　　5.3　东方—莺歌嘴的升降流 ·· 56

　　　5.3.1　升降流的形成 ·· 56

　　　5.3.2　升降流的实测资料验证 ·· 57

　　　5.3.3　莺歌嘴附近底质及环流特征 ·· 60

　　　5.3.4　海南岛西部沉积物特征 ·· 62

　　　5.3.5　海南岛西岸温盐特征 ·· 65

　　参考文献 ·· 66

第6章　北部湾水平衡　67

　　6.1　琼州海峡 ·· 68

　　　6.1.1　琼州海峡余流速度分布剖面 ·· 68

　　　6.1.2　琼州海峡水通量 ·· 70

　　　6.1.3　琼州海峡水通量变化对北部湾的影响 ···································· 72

　　6.2　北部湾湾口逐月水通量 ·· 76

　　　6.2.1　北部湾湾口余流速度分布剖面 ··· 76

　　　6.2.2　北部湾湾口水通量 ·· 77

　　6.3　径流、降水与蒸发 ·· 79

　　　6.3.1　径流 ·· 79

　　　6.3.2　降水 ·· 79

　　　6.3.3　蒸发 ·· 80

　　6.4　北部湾水平衡 ·· 80

　　　6.4.1　逐月水平衡计算结果 ·· 80

　　　6.4.2　"失"与"得"会引起海平面变化 ·· 82

　　　6.4.3　中国海区海平面变化 ·· 83

　　参考文献 ·· 84

第7章　北部湾季度代表月表层温度、盐度、叶绿素a与颗粒无机碳的遥感分析　85

　　7.1　北部湾季度代表月表层温度月平均分布 ····································· 85

　　　7.1.1　冬季（2月） ··· 85

　　　7.1.2　春季（5月） ··· 86

　　　7.1.3　夏季（8月） ··· 86

　　　7.1.4　秋季（11月） ·· 86

　　7.2　北部湾季度代表月表层盐度月平均分布 ····································· 86

　　　7.2.1　冬季（12月） ·· 87

　　　7.2.2　春季（5月） ··· 87

7.2.3　夏季(8月) ·· 88

7.2.4　秋季(11月) ··· 88

7.3　关于北部湾水团划分 ··· 89

7.3.1　历史上划分 ··· 89

7.3.2　对历史划分的修正 ··· 90

7.4　叶绿素a ··· 92

7.4.1　叶绿素a分布特征 ·· 92

7.4.2　叶绿素a分布与锋面和上升流 ··································· 93

7.5　颗粒无机碳 ··· 95

7.5.1　区域分布特点 ·· 96

7.5.2　季节变化特征 ·· 96

参考文献 ··· 97

第8章　琼州海峡水通量与北部湾东部珊瑚礁白化的相关性研究　98

8.1　北部湾东部珊瑚礁生态环境 ··· 98

8.2　北部湾及邻近水域多年平均温度(1993—2012年) ······················ 99

8.3　琼州海峡水量输运与涠洲岛珊瑚礁白化事件的关联性分析 ··············· 101

8.3.1　1998年"热白化"事件 ··· 101

8.3.2　2003年"热白化"事件 ··· 102

8.3.3　2004年"热白化"事件 ··· 103

8.3.4　2005年"热白化"事件 ··· 104

8.3.5　2020年"热白化"事件 ··· 105

8.3.6　2008年"冷白化"事件 ··· 106

8.4　结论 ·· 107

参考文献 ·· 110

第9章　北部湾环流与渔业　112

9.1　鱼类分布、集群与水环境关系 ······································· 112

9.2　渔区与环流 ·· 113

9.2.1　渔区分型 ··· 113

9.2.2　渔区分型与环流 ··· 114

9.3　北部湾西北部渔业 ·· 116

9.3.1　实测数据 ··· 116

9.3.2　计算的流场 ··· 117

9.4　北部湾渔获量与水温关系 ·· 119

9.4.1　低产值的2008年 ··· 119

9.4.2　高产值的2003年 ··· 120

参考文献 ·· 122

北部湾(英文名称:Beibu Gulf)属于大陆架上一个浅海湾,湾内平均水深为 46 m,最大水深达 80 m,面积接近 13 万平方千米,比渤海面积略大。

北部湾西、北、东三面为陆地和岛屿,仅有南部湾口及东侧的琼州海峡与南海沟通。其南界是越南莱角—中国海南莺歌嘴,东界是琼州海峡东口(图 1-1)。由于北部湾特定的自然环境条件,湾内的海水运动形态与风场、南海环流等多种因素有关,具有多变的特点。北部湾处于亚热带,季风特征明显,冬半年盛行东北季风,夏半年则盛行西南季风,东北季风期长于西南季风期,全年总降水量范围为 1 100 ~ 1 700 mm。湾内环流受潮汐、地形、风、南海水、海水密度及河流冲淡水注入等影响呈现复杂的态势。

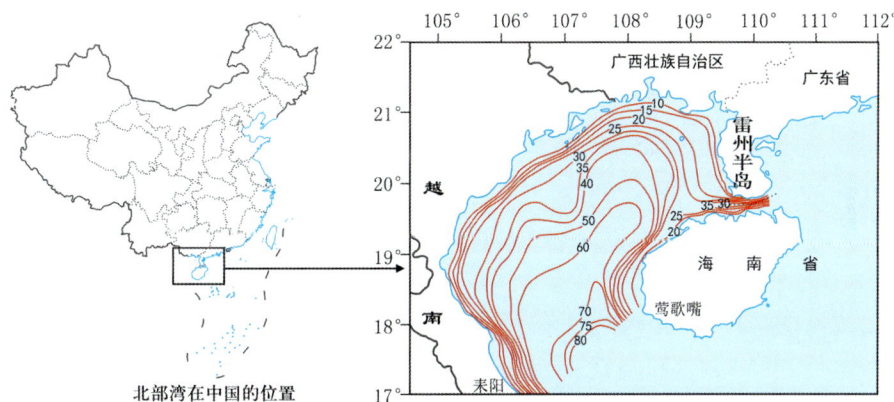

图 1-1 北部湾水深与地形

1.1 物理海洋学研究

1.1.1 潮汐与潮流的研究

北部湾物理海洋学研究工作主要始于 20 世纪 60 年代初。1962 年,中越联合开展北部湾海洋综合调查,取得了一系列有关海洋科学发展的首次观测资料和报告[1],填补了北部湾海洋科学研究的历史空白,奠定了北部湾物理海洋学等学科的发展基础。

此后,一系列科学论文问世。

李树华[2][3]采用线性二维潮波方程研究了北部湾中 K_1、O_1、M_2 和 S_2 分潮潮波系统。周朦和方国洪[4]发展了一个二维隐式格式研究北部湾的 K_1、O_1 和 M_2 分潮。曹德明和方国洪[5]则采用二维显式格式研究了北部 M_2 分潮细致的潮汐、潮流结构以及潮能通量分布。朱耀华和方国洪[6]发展了一个二维与三维嵌套的显式模型,并运用内外模态分离技术研究了北部湾的潮汐与潮流。夏华永和陈明剑[7]根据经 Sigma 坐标变换后具有自由表面的三维非线性 N-S(Navier—Stokes)方程,以分裂算子法剖分动量方程、全隐式格式求解连续方程,求解北部湾潮汐、潮流及其垂向分布。刘爱菊和张延廷[8]以 6 个分潮同步输入,发现北部湾北部为全日潮,而南部的靠岸两侧为不正规全日潮,中间区为不正规半日潮。孙洪亮和黄卫民[9]采用 POM 三维水动力模型,基于二阶湍流闭合模型模拟了北部湾海域的潮汐、潮流及余流场。此外,还有学者采用其他模型研究了北部湾内的潮汐特征[10][11],发现北部湾南部存在分潮无潮点,北部存在弱化分潮无潮点[12-15],越靠近湾北分潮振幅越大,最大潮差可达 5 m[16][17];潮流特征则是北部为不正规全日潮流,南部为正规全日潮流;对潮致余流的研究表明,有一股从东向西的潮致余流通过琼州海峡进入北部湾,之后向西北运动,至 108.5°E 附近折向南,然后与海南岛西岸北上的流汇合共同往西流动,最后在越南沿岸转为西南向流出北部湾[18-20]。

1.1.2 环流形态的研究

总环流形态存在三种不同的观点。第一种观点是中越联合调查报告的结论[1]:冬、春两季,北部湾内为逆时针气旋式环流;秋季主要由逆时针环流控制,但东北部有一顺时针环流;夏季为顺时针反气旋式环流。冬季,在东北季风影响下,南海水通过琼州海峡进入北部湾;夏季,在西南季风影响下,北部湾水体则通过琼州海峡流向南海。对北部湾来说,琼州海峡的水交换,是"冬进夏出"的收支形式。其中,大部分文章都是建立在风生环流的基础上,把风当作主要驱动力[21][22]。第二种观点认为,北部湾夏季为气旋式环流[23][24]。第三种观点认为,夏季北部湾北部由气旋式环流控制,但南部环流呈反气旋式结构[25][26]。围绕以上不同的观点,近 10 年来多位学者展开了研究。夏华永等[12]对北部湾的风生环流和密度环流进行了模拟,研究结果支持北部湾环流终年为气旋式的观点,夏季,琼州海峡水体主要是西向输运。高劲松和陈波[27]通过 POM 模式在南海西北部建立三维斜压后报模型,充分考虑日平均的风场、热通量以及六个分潮之后的数值模拟结果表明,北部湾东北部环流受局地风场和琼州海峡西向流的共同作用。陈波[28-30]、鲍献文等[31]利用观测资料分析广西沿岸流,发现其受到港湾地形局部影响,常年以向西为主。苏纪兰和袁业力[32]综合以上各种观点,绘出了北部湾环流模式,认为北部湾是气旋涡占主导地位,冬、秋季是一个气旋涡;春、夏季是两个气旋涡。很显然,北部湾环流形成受南海水、风以及北部沿岸河流淡水注入等多因素的影响,呈现复杂态势,并具有多变的特点。

1.1.3　琼州海峡水交换研究

琼州海峡是海南省与大陆之间重要的交通通道,也是南海与北部湾两个海区的水交换通道,来自海峡东部的南海水进入北部湾,对广西沿海的水交换产生重要的影响。

对于琼州海峡水交换的研究,大多数观点认为,冬季由于受到东北季风的影响,琼州海峡水体输运方向是由南海北部进入北部湾,也就是从东向西;夏季受到西南季风的影响则完全相反。近 20 年来,对琼州海峡水交换的研究取得了一些新的突破。侍茂崇[33]、杨士瑛[34]、陈达森等[35]发现琼州海峡水体输运终年为自东向西。Shi 等[36]认为冬季进入北部湾的流量为 0.2 ~ 0.4 Sv,夏季为 0.1 ~ 0.2 Sv。陈波等[37]对琼州海峡冬季水量输运进行计算得出,冬季平均水量通量为 0.055 Sv,输运方向自东向西。俎婷婷[24]按给定 0.1 Sv 的琼州海峡流量进行北部湾环流的模拟,结果表明当琼州海峡为 0.1 Sv 西向流时可以看到湾顶环流形成明显的逆时针弯曲,越南沿岸流速加强,除了湾北部和海南岛沿岸,湾内流整体顺着湾中轴线从南部湾口流出;当琼州海峡给定 0.1 Sv 东向流时,仅海南岛西南沿岸始终保持沿岸北上的流动,此时湾中部涠洲岛附近环流表现为顺时针弯曲。可见,琼州海峡稳定的西向流有利于北部湾北部气旋式环流的形成,东向流则有利于反气旋式环流的形成。而在这个气旋型环流的形成过程中,琼州海峡东部水的影响起着重要作用。

1.1.4　北部湾上升流的研究

厦门大学"908"项目实施之后,2007 年夏季北部湾东部 4 条断面温盐观测结果发现,夏季盐度底层明显向浅水(近岸)弯曲,这是由上升流引起的[38]。

侍茂崇等[39][40]研究认为,在坡度较大的地形附近,由于底摩擦和海底 Ekman 层影响,都会出现上升流。琼州海峡西口、海南岛西部广泛存在上升流区。不仅夏季有,而且冬、春、秋也存在,甚至在秋季范围扩展。

1.2　环流与地质、生态关系的研究

1.2.1　环流与底质

海底沉积物,是指各种海洋沉积作用所形成的海底沉积物的总称,是以海水为介质、沉积在海底的物质。沉积作用一般可分为物理沉积、化学沉积和生物沉积 3 种不同过程,这些过程往往不是孤立地进行,所以沉积物可视为综合作用产生的地质体。莫永杰[41]对北部湾北部 642 个表层沉积物样品做了粒径分析,将沉积物划分为 10 种类型,结合粒度参数特征,阐明了沉积环境与水动力之间的关系。

1.2.2 环流与生态

（1）与浮游动物的关系。

郑白雯、曹文清等[42]为了解北部湾北部海区浮游动物数量分布规律及优势种组成，2006—2007年对北部湾进行4个航次的综合性调查。根据浮游动物样品分析结果，研究了北部湾北部浮游动物的丰度、生物量和优势种组成。

（2）与叶绿素、颗粒无机碳的关系。

北部湾叶绿素a（Chl-a）高浓度区域主要分布在琼州海峡、雷州半岛西部、海南岛西南部、广西及越南沿岸等区域，最高值范围为 $4 \sim 5$ mg/m³。夏季高值区范围缩小，秋季达到最大。

北部湾颗粒无机碳浓度呈现近岸河口区高、海湾中央低的特征，尤其是琼州海峡、雷州半岛西侧和海南岛西南部沿海地区（北从东方市起，绕过莺歌海，向东直到三亚止）的颗粒无机碳浓度明显高于其他区域。

这些分布特征与环流关系极为密切。在本书第7章中有详细介绍。

（3）与赤潮的关系。

侍茂崇等[43]通过大量历史数据和现场调查资料分析，并结合数值模拟计算结果，研究涠洲岛赤潮发生与氮、磷营养物质含量的关系，追溯高浓度氮、磷元素来源及传送途径，探索污染物输运过程与动力学的响应关系，揭示赤潮产生的机制。研究发现，涠洲岛赤潮发生区域氮、磷营养物质含量高于周围海域，而这些高浓度氮、磷营养物质与琼州海峡东部南海水传入北部湾有关。涠洲岛赤潮多发的原因是由于海水中存在高浓度的氮、磷营养元素，但其并非来自广西沿岸的陆源污染，而是通过动力途经从琼州海峡东部输运而来，源头主要是珠江口及粤西沿岸水域。所以，开展近海环流结构及生成机制研究意义很大。

参考文献

[1] 国家科委海洋组海洋综合调查办公室、中越合作北部湾海洋综合调查报告[R].北京，1964.

[2] 李树华.北部湾潮汐潮流数值计算[J].海洋通报，1985（6）：9-12.

[3] 李树华.北部湾潮波的数值模拟试验[J].热带海洋，1986，5（3）：7-14.

[4] 周朦，方国洪.二维长波方程的一个无条件稳定有限差分格式[J].海洋与湖沼，1988，19（2）：164-172.

[5] 曹德明，方国洪.北部湾潮汐和潮流的数值模拟[J].海洋与湖沼，1990，21（2）：105-113.

[6] 朱耀华，方国洪.一种二维和三维嵌套海洋流体动力学数值模式及其在北部湾潮汐和潮流数值模拟中的应用[J].海洋与湖沼，1993，24（2）：117-125.

[7] 夏华永，陈明剑.北部湾三维潮流数值模拟[J].海洋学报：中文版，1997，19（2）：21-31.

[8] 刘爱菊，张延廷.北部湾潮汐数值预报及其分析[J].海洋与湖沼，1997，28（6）：640-645.

[9] 孙洪亮，黄卫民.北部湾潮致、风生和热盐余流的三维数值计算[J].海洋与湖沼，2001，32

　　（5）：561-568.

[10] 徐振华,雷方辉,娄安刚,等.北部湾潮汐潮流的数值模拟[J].海洋科学,2010,34（2）：
　　 10-14.

[11] 李树华,夏华永,李武全,等.北部湾物理海洋模型的建立与验证[J].广西科学,2004,11
　　 （1）：37-42.

[12] 夏华永,李树华,侍茂崇.北部湾三维风生流及密度流模拟[J].海洋学报:中文版,2001,23
　　 （6）：11-23.

[13] 孙洪亮,黄卫民,赵俊生.北部湾潮致、风生和热盐余流的三维数值计算[J].海洋与湖沼,
　　 2001,32（5）：561-568.

[14] 吴自库,王丽娅,吕咸青,等.北部湾潮汐的伴随同化数值模拟[J].海洋学报:中文版,
　　 2003,25（2）：128-135.

[15] 徐振华,北部湾潮汐潮流的数值模拟及数值实验[D].青岛:中国海洋大学,2006.

[16] 俞慕耕,南海潮汐特征的初步探讨[J].海洋学报,1984,6（3）：293-300.

[17] 沈育疆等.南海潮汐数值计算[J].海洋湖沼通报,1985,1:26-35.

[18] Sun H, Huang W. Three-dimensional numerical simulation for tide and tidal current in the Beibu
　　 Gulf [J]. Acta Oceanologica Sinica, 2001, 20（1）：29-38.

[19] 陈波,李培良,侍茂崇,等.北部湾潮致余流和风生海流的数值计算与实测资料分析[J].广
　　 西科学,2009,16（3）：346-352.

[20] 赵昌,吕新刚,乔方利.北部湾潮波数值研究[J].海洋学报,2010,32（4）：1-11.

[21] 俞慕耕,刘金芳.南海海流系统与环流形势[J].海洋预报,1993（2）：13-17.

[22] 王道儒,北部湾冷水团的动力 - 热力机制研究[D].青岛:中国海洋大学,1998.

[23] Xia H, Li S, Shi M. Three-D numerical simulation of wind-driven current and density current in
　　 the Beibu Gulf [J]. Acta Oceanologica Sinica, 2001, 20（4）：455-472.

[24] 俎婷婷.北部湾环流及其机制的分析[D].青岛:中国海洋大学,2005

[25] 杨士瑛,鲍献文,陈长胜等.夏季粤西沿岸流特征及其产生机制[J].海洋学报,2003,25（6）：
　　 1-8.

[26] 徐锡祯,邱章,陈惠昌.南海水平环流的概述[A].//中国海洋湖沼学会水文气象学会学术
　　 会议（1980）论文集[C].北京:科学出版社,1982:137-145.

[27] 高劲松,陈波.北部湾冬半年环流特征及驱动机制分析[J].广西科学,2014,21（1）：64-72.

[28] 陈波,侍茂崇,邱绍芳.广西主要港湾余流特征及其对物质输运的影响[J].海洋湖沼通报,
　　 2003,1:13-21.

[29] 陈波,李培良,侍茂崇.北部湾潮致余流和风生海流的数值计算与实测资料分析[J].广西
　　 科学,2011,16（3）：346-352.

[30] 陈波,侍茂崇,郭佩芳,高劲松,陈宪云.北部湾北部潮流谱分析和余流特征研究[J].广西
　　 科学,2014,1:54-63.

[31] 鲍献文,陈波,侍茂崇,邱绍芳.钦州湾三维潮流数值模拟[J].广西科学,2004,11（4）：
　　 375-384.

[32] 苏纪兰,袁业力.中国近海水文[M].北京:海洋出版社,2005.

[33] 侍茂崇,陈春华,黄方,叶安乐.琼州海峡冬末春初朝余流场特征[J].海洋学报,1998,20
　　 （1）：1-4.

［34］杨士瑛,陈波,李培良.用温盐资料分析夏季南海水通过琼州海峡进入北部湾的特征［J］.海洋湖沼通报,2006(1):1-7.

［35］陈达森,陈波,严金辉等.琼州海峡余流场季节性变化特征［J］.海洋湖沼通报,2006,2:12-17.

［36］Shi M C, Chen C S, Xu Q C, et al. The role of the Qiongzhou Strait in the seasonal variation of the South China Sea circulation［J］. Journal of Physical Oceanography, 2002, 32（1）:113-121.

［37］陈波,严金辉,王道儒,侍茂崇.琼州海峡冬季水量输运计算［J］.中国海洋大学学报,2007,37（3）:357-364.

［38］Ding Y, Chen C, Beardsley R C, et al. Observational and model studies of the circulation in the Gulf of Tonkin, South China Sea［J］. Journal of Geophysical Research Oceans, 2013, 118（12）:6495-6510.

［39］侍茂崇.北部湾环流研究述评［J］.广西科学,2014,21（4）:313-324.

［40］侍茂崇,陈波,丁扬,等.风对北部湾入海径流扩散影响的研究［J］.广西科学,2016,23（6）:485-491.

［41］莫永杰.北部湾北部浅海沉积物的粒度类型［J］.热带海洋,1990,9（1）:87-91.

［42］郑白雯,曹文清,林元烧,郑连明,张文静,杨位迪,王宇杰.北部湾北部生态系统结构与功能研究Ⅱ.浮游动物数量分布及优势种［J］.海洋学报,2014,34（4）:83-89.

［43］侍茂崇,陈波.涠洲岛东南部海域高浓度氮和磷的来源分析［J］.广西科学,2015,22（3）:237-244.

2.1 数值构建

2.1.1 模型计算区域及网格介绍

本章节的数值模型采用 Unstructured Grid Finite–Volume Community Ocean Model（FVCOM）三维斜压模式，该模式被广泛应用在近岸和区域海洋动力过程的模拟中[1-5]。模型利用有限体积离散方法，采用三角形网格更好地拟合不规则的岸线[1]，模型在近岸海洋过程的模拟中有比较明显的优势。为减小开边界的不确定性对模型内区的影响，模型区域范围较大，包括整个北部湾及南海北部陆架，经度范围为 105.5 °E ～ 121.7 °E，纬度范围为 13.2 °N ～ 23.6 °N。模型区域范围及网格如图 2-1 所示。

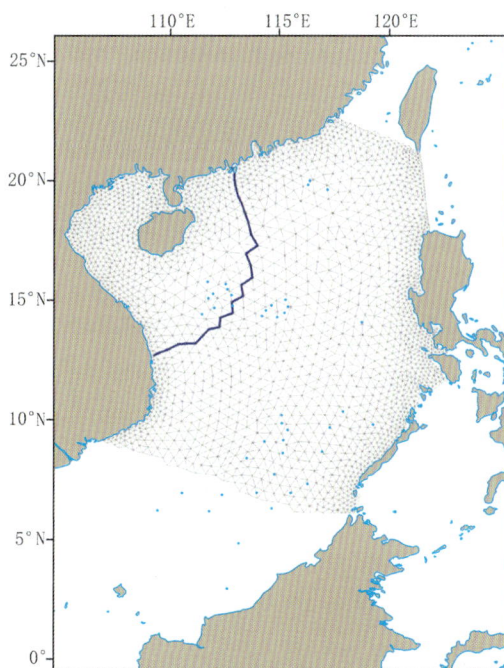

图 2-1　北部湾、南海区域模型无结构网格图

图 2-1 中共有 28 577 个三角形单元，14 711 个节点。模型水平分辨率在近岸约为

5 km,开边界附近约为 30 km。垂向采用 Sigma 坐标,均匀地分成 50 层。模型水深采用 GEBCO_2020 Grid 并结合中国近海的海图水深数据,以提高模型在近岸的精度。为提高模型的稳定性,模型最小水深设为 5 m,最大水深在南海海盆外,约 4 300 m。

2.1.2 模型数据

(1)GEBCO 数据集。

GEBCO 是国际海道测量组织(IHO)和政府间海洋学委员会(IOC)联合发布的最全面的世界大洋海底地形、水深数据(https://www.gebco.net/data_and_products/gridded_bathymetry_data/gebco_2020/)。GEBCO_2020 Grid 发布于 2020 年 5 月,是 GEBCO 发布的第二个全球测深产品,空间分辨率为 15″。本书水深采用中国近海海图水深数据与 GEBCO_2020 Grid 的融合水深,并进行适当的平滑处理。

(2)TPXO 7.2 全球潮汐数据集。

TPXO 7.2 为俄勒冈州立大学潮汐反演软件(OTIS)系统中的潮汐模型产品,数据来源于动力学模型、验潮数据以及 TOPEX/Poseidon 卫星测高数据(http://volkov.oce.orst.edu/tides/global.html)[7]。该数据集提供多个分潮的潮位及二维(正压)潮流调和常数,包括 8 个主要分潮(半日分潮:M_2、S_2、N_2、K_2;全日分潮:K_1、O_1、P_1、Q_1)、2 个长周期分潮(M_f、M_m)和 3 个非线性分潮(M_4、MS_4、MN_4)。数据集的空间分辨率为 15′。

(3)CFSR/CFSv2 大气强迫场。

CFSR 是美国国家环境预报中心(NCEP)发布的气象预报再分析资料,产品时间范围为 1979 年 1 月至 2011 年 1 月。后在此基础上升级为 CFSv2,时间范围延续上一版本,为 2011 年 1 月至今。CFSR/CFSv2 数据集包含大气、海洋、海气交界、海陆交界处多个状态参量信息,提供时间分辨率 1 h,水平分辨率为 0.2°~2.5° 不等的数据(http://cfs.ncep.noaa.gov/cfsv2.info/)[8]。本书涉及变量包括海面 10 m 风场(U10/V10)、2 m 气温、向下长波辐射及向下短波辐射以及海面 2 m 相对湿度、海平面气压,前 4 个变量的空间分辨率为 0.312°×0.312°/ 0.205°×0.204°(CFSR/CFSv2),后 2 个变量空间分辨率为 0.5°,时间分辨率均为 1 h。数据使用时间范围为 1982 年 1 月至 2021 年 12 月。

(4)ERA5 大气强迫场。

ERA5 为欧洲中期天气预报中心(ECMWF)发布的第五代再分析数据集,产品时间范围为 1959 年 1 月至今。与 CFSR/CFSv2 相同,涵盖大气、海洋、海气交界、海陆交界处多个状态参量信息(https://cds.climate.copernicus.eu/)。数据集的时间分辨率为 1 h,空间分辨率为 0.25°/0.5°(大气)、0.5°/1.0°(海洋波动)。本书涉及变量包括蒸发、降水量,空间分辨率为 0.25°,时间分辨率为 1 h,数据使用时间范围为 1982 年 1 月至 2021 年 12 月。

(5)SODA 模式数据。

SODA 海洋数据集由美国马里兰大学(UM)和得克萨斯农工大学(TAMU)共同开

发,产品涵盖海面高度、海流、温度、盐度、海面风应力等多种海洋与大气要素(https://dsrs.atmos.umd.edu/DATA/soda3.4.2/REGRIDED/ocean/)[9]。数据的时间范围为 1980 年 1 月至 2021 年 12 月,水平分辨率为 0.5°,垂向分为 50 层,时间分辨率分为 5 d、10 d 和 1 mth。本书在平均 5 d 的时间分辨率下,采用 1982 年 1 月至 2021 年 12 月的低频水位、流速、温度、盐度数据。

(6)径流数据。

据我国 1964 年出版的《中越合作－北部湾海洋综合调查报告》[10]内容:1960 年和 1962 年,流入北部湾诸河流的径流总量为 14×10^{11} m^3,约 4 439 m^3/s。其中,越南沿岸河流径流量占 94.5%,约为 4 195 m^3/s;中国广西沿岸河流径流量占 5.5%,约为 244 m^3/s。从径流量的年变化来看,7—8 月份最大,2—4 月最小。在越南沿岸,红河径流最大,因河流大部分流经热带红土区,水中混有红土颗粒,略呈红色,故名红河。红河全年径流量不稳定,以 1960 年为例,8 月径流量为 250.4×10^8 m^3,4 月径流量为 17.1×10^8 m^3,相差 15 倍之多;年输沙量为 1.3×10^8 t。

2012 年,美国学者陈长胜教授参加越南的学术讨论会,越方科学家在会上提供的红河径流量与 20 世纪 60 年代统计的径流量相差很大,红河平均径流量 6 250 m^3/s,几乎比 20 世纪 60 年代统计的径流量高出 1.4 倍(图 2-2),是我国珠江径流量(10 654 m^3/s)的 59%。加上越南其他河流和广西的入海河流,其径流量要超过珠江入海径流的 70%。同样,我国径流量统计也相差很大。根据多年统计结果,广西沿海入海河流径流量约为 548 m^3/s,超出 20 世纪 60 年代一倍之多(图 2-2)。

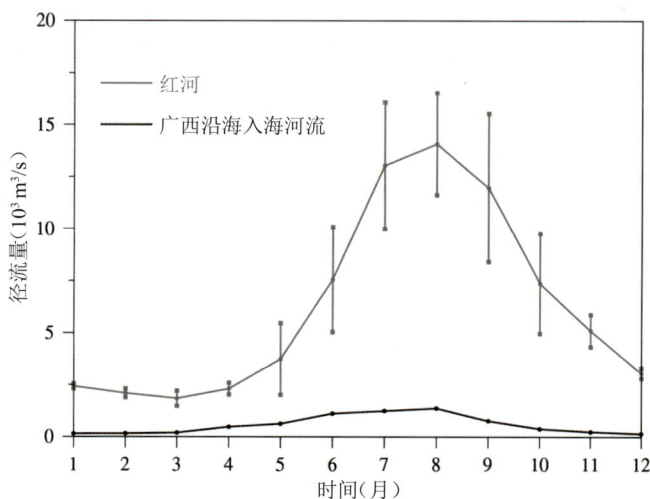

注:红河淡水数据来自 Chen 等[1]

图 2-2　越南红河和中国广西沿岸河流的气候态月平均淡水流量

但是,据越南学者 Minh[12](2010)研究结果,红河径流量并没有这么大。他们根据红河三角洲 Son Tay 水文观测站的多年径流观测结果(图 2-3)表明,红河多年平均径流量为 3 300 m³/s。与前人研究结果相比，径流量减少原因可能是陆地用水增多。Son Tay 水文观测站位于红河三角洲顶端，距离河口直线距离有 120 km，实际行水距离大于 200 km。我们采用这个基本量，再考虑其他小河径流量，将越南北部入海径流量定为 4 663 m³/s。

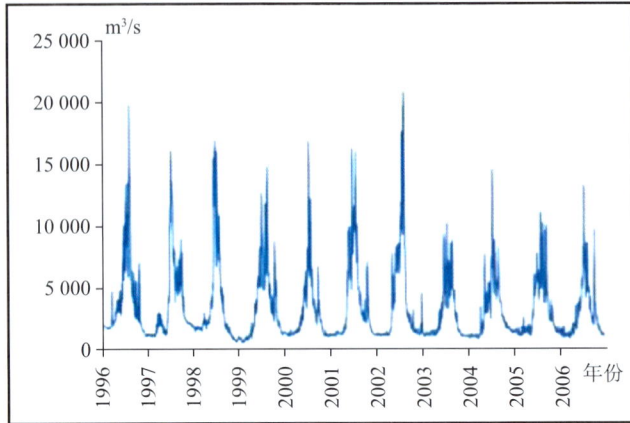

图 2-3　红河三角洲 Son Tay 水文观测站径流年变化

此外，广西沿岸径流数据引自 Gao 等[13]。珠江径流数据采用《中国河流泥沙公报》的数据（http://www.mwr.gov.cn/），以高要、博罗、石角站三站径流之和作为珠江入海通量，有记录时段为 2000—2020 年；此前时段数据引自 Zhang 等[14]。

2.1.3　模型配置

模型垂向混合系数采用 MY-2.5 湍封闭模式[15]计算，水平粘性系数由 Smagorinsky 参数化方案[16]确定。模型初始温盐场采用 SODA-5dy1982 年 1 月 2 日结果。模型上强迫场包括：a）10 m 海面风场；b）海面气压场；c）向下长波辐射、向下短波辐射；d）2 m 海面气温；e）相对湿度；f）蒸发、降水量。除蒸发、降水来自 ERA5 外，其余强迫场均来自 CFSR/CFSv2，均为各年逐时平均的再分析结果。模型侧边界强迫包括：a）基于 TPXO 7.2 产品预报的 8 个主要天文分潮（M_2、S_2、N_2、K_2、K_1、O_1、P_1、Q_1）调和常数预报的潮汐、潮流；b）SODA-5dy 提供的低频水位波动、低频流速、温度和盐度；c）径流，模型内存在众多河流，除珠江、红河这两条径流量大的河流外，本文还选取了广西沿岸流入北部湾的径流 6 条河流（南流江、钦江、防城河、大风江、茅岭江、北仑河），径流盐度设置为 5 psu，温度随季节变化，数据精度为天。模型冷启动，运行时间范围为 1982 年 1 月 2 日至 2012 年 12 月 31 日，经过 10 年稳定后，选取 1993—2012 年逐月的数据进行分析和讨论。

2.2　验证数据

2.2.1　MODIS 遥感数据

MODIS 搭载于美国 Terra 和 Aqua 两颗卫星上,为 NASA 所属,每 1～2 天可重复观测整个地球表面,其最大空间分辨率分为 250 m,数据时间跨度分别为 1999 年 12 月、2002 年 5 月至今(https：//modis.gsfc.nasa.gov/)。

（1）SST 数据空间分辨率为 0.25°,时间分辨率为月平均,时段为 1988—1989 年、2006—2007 年。

（2）海表盐度(SSS)数据处理比较复杂,如图 2-4 所示。数据空间分辨率为 4 km,时间分辨率为月平均,时段为 2006—2007 年。

（3）叶绿素 a（Chl-a)数据空间分辨率为 0.25°,时间分辨率为月平均,时段为 2007 年。

（4）颗粒无机碳(PIC)数据空间分辨率为 0.25°,时间分辨率为月平均,时段为 2007 年。

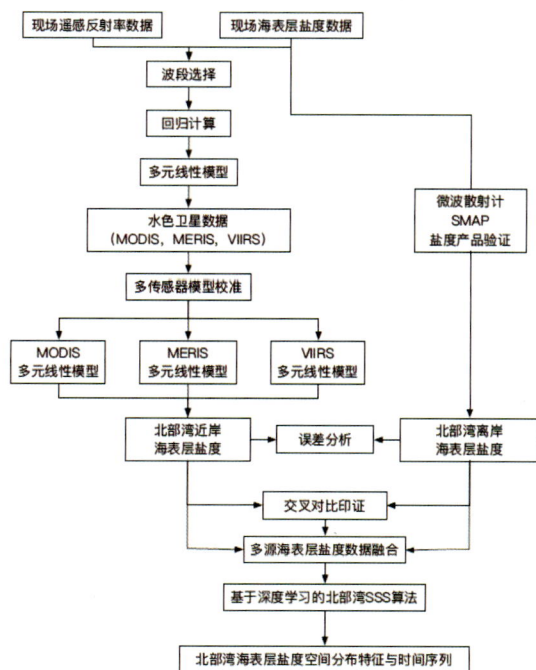

图 2-4　盐度遥感数据处理过程

2.2.2　北部湾海流实测资料

（1）国家海洋局第一海洋研究所,涠洲岛石油井架不同层次连续测流(1988—1989 年,1995—1996 年)(内部资料)。

（2）国家海洋局第二海洋研究所，国家海洋局第三海洋研究所，广西白龙核电厂可行性研究（2005—2008年多点同步海流观测，一年连续海流观测）（内部资料）。

（3）中国海洋大学，海南东方海洋水文调查（2004年夏季多点同步海流观测）（内部资料）。

（4）中国海洋大学，海南洋浦海南液化天然气（LNG）（2005—2006年春夏秋冬四个季度月观测）（内部资料）。

（5）交通运输部天津水运工程科学研究所，广东华电湛江一期2×1 000 MW煤电项目及配套码头和航道工程（2013—2014冬夏季多点海流观测）（内部资料）。

（6）交通运输部天津水运工程科学研究所，海南昌江核电厂（2008年夏季多点海流观测）（内部资料）。

（7）厦门大学，北部湾908调查：M1站（2006年1—2月，2007年4—5月连续测流）；M2站（2006年1—2月，2007年4—5月连续测流）；M3站（2006年1—2月、7—8月、2007年4—5月、10—11月连续测流）；M4站（2006年1—2月，2007年4—5月连续测流）；M5站（2006年1—2月，2007年4—5月连续测流）。四个季度月大面与断面温度、盐度资料。

（8）国家海洋局海洋情报研究所，漂流瓶资料（1964—1966年逐月资料）（内部资料）。

（9）国家科委海洋组海洋综合调查办公室编，《中越合作－北部湾海洋综合调查报告》，北京，1964。

所有观测站点标示于图2-5中，观测断面见图4-13。

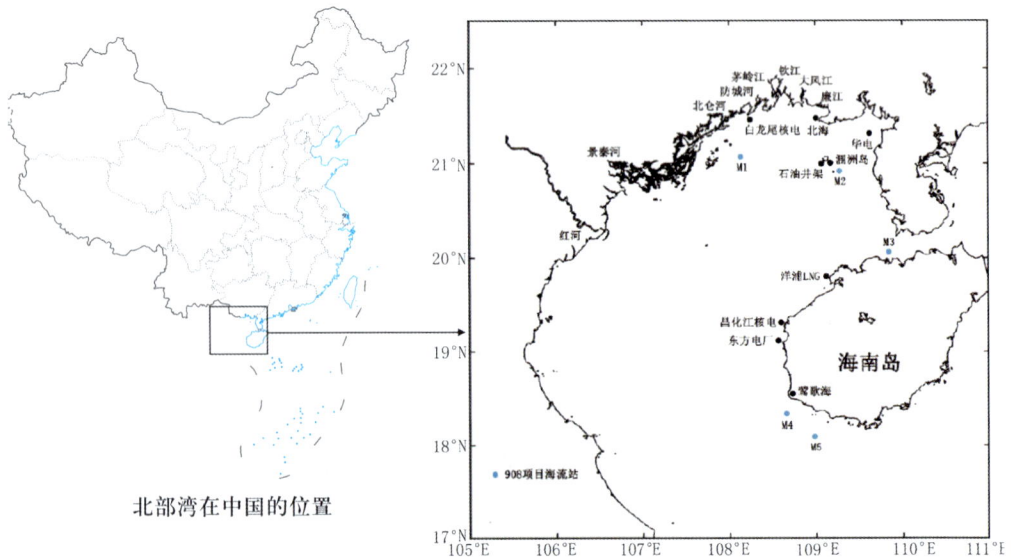

图2-5　用于验证的北部湾实测资料

2.3 模型验证

为验证模型的可靠性，本章节利用卫星观测数据和历史观测资料对模型进行验证。卫星观测资料主要为 MODIS 高分辨率的 SST 数据。历史观测数据主要有近岸验潮站的水位数据、海表面盐度数据、断面温度调查数据以及以前对于本海区潮汐和环流的研究结果。

（1）潮汐验证。

潮汐在近岸海域中非常显著，对陆架浅海的能量通量、垂向混合、物质输运和环流影响非常明显，因此本章首先对模拟的潮汐进行验证。图 2-6 和图 2-7 分别显示了模

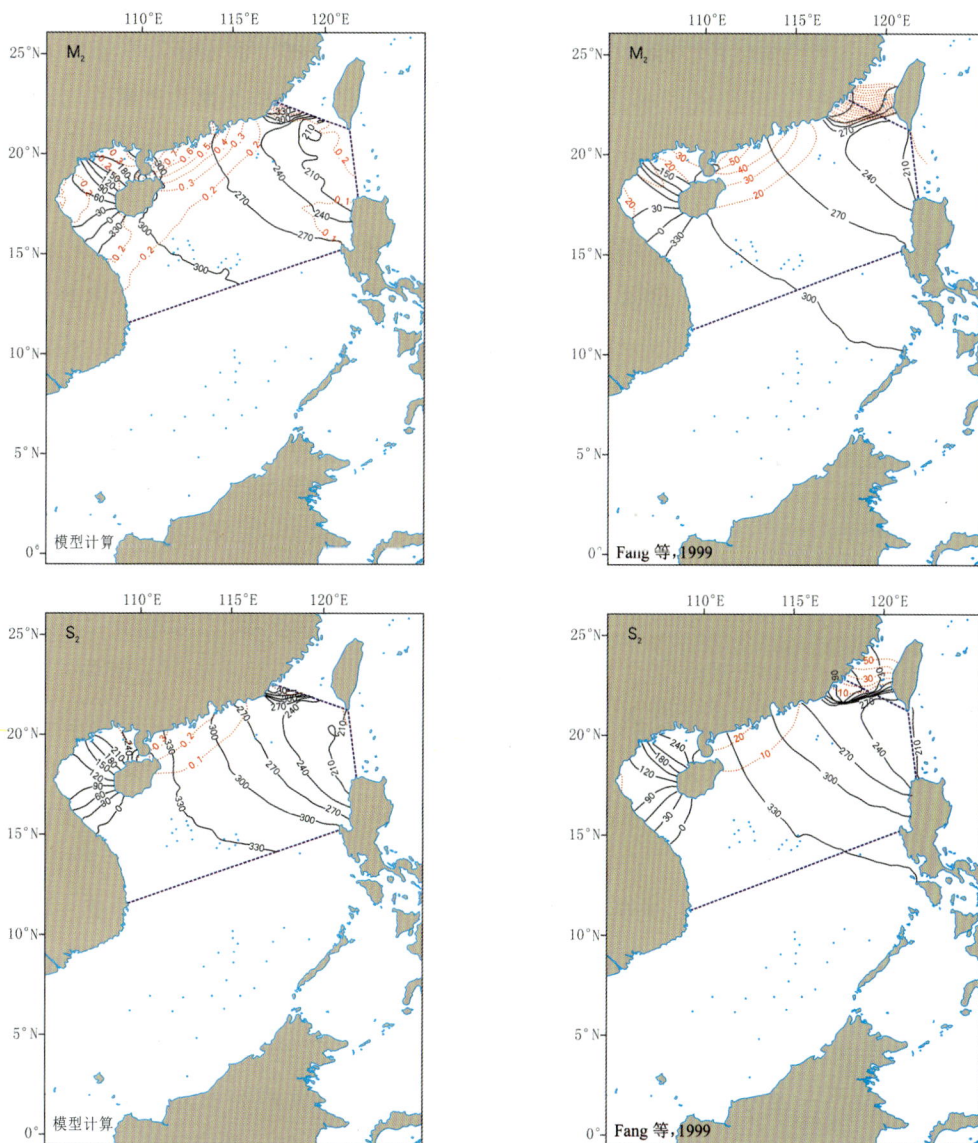

图 2-6   模型计算的 M_2 和 S_2 分潮同潮图与 Fang[15] 结果对比

拟的四个主要分潮（M_2，S_2，K_1，O_1）的同潮图与 Fang 等[17] 的计算结果对比。可以看出，全日分潮和半日分潮的等振幅线和同潮时线与 Ye 和 Robinson[18]、Fang 等[17]、Zu 等[19] 模拟结果相比较为一致。从 M_2 和 S_2 分潮的同潮时线分布可以看出，南海北部半日分潮主要由从太平洋经吕宋海峡传入南海的潮波控制。潮波传入北部陆架浅海时，振幅逐渐增大，振幅基本在 20 cm 以上。半日分潮在向西南方向的传播过程中，其中一支从南部湾口传入北部湾，顺时针旋转，在琼州海峡与从南海北部向西传播的潮波汇合，在海峡内形成比较复杂的潮波系统。从 M_2 分潮等振幅线的分布可以看出，振幅高值区主要集中在南海北部近岸海域，而北部湾中振幅较小，模拟的振幅比 Fang[17] 的研究结

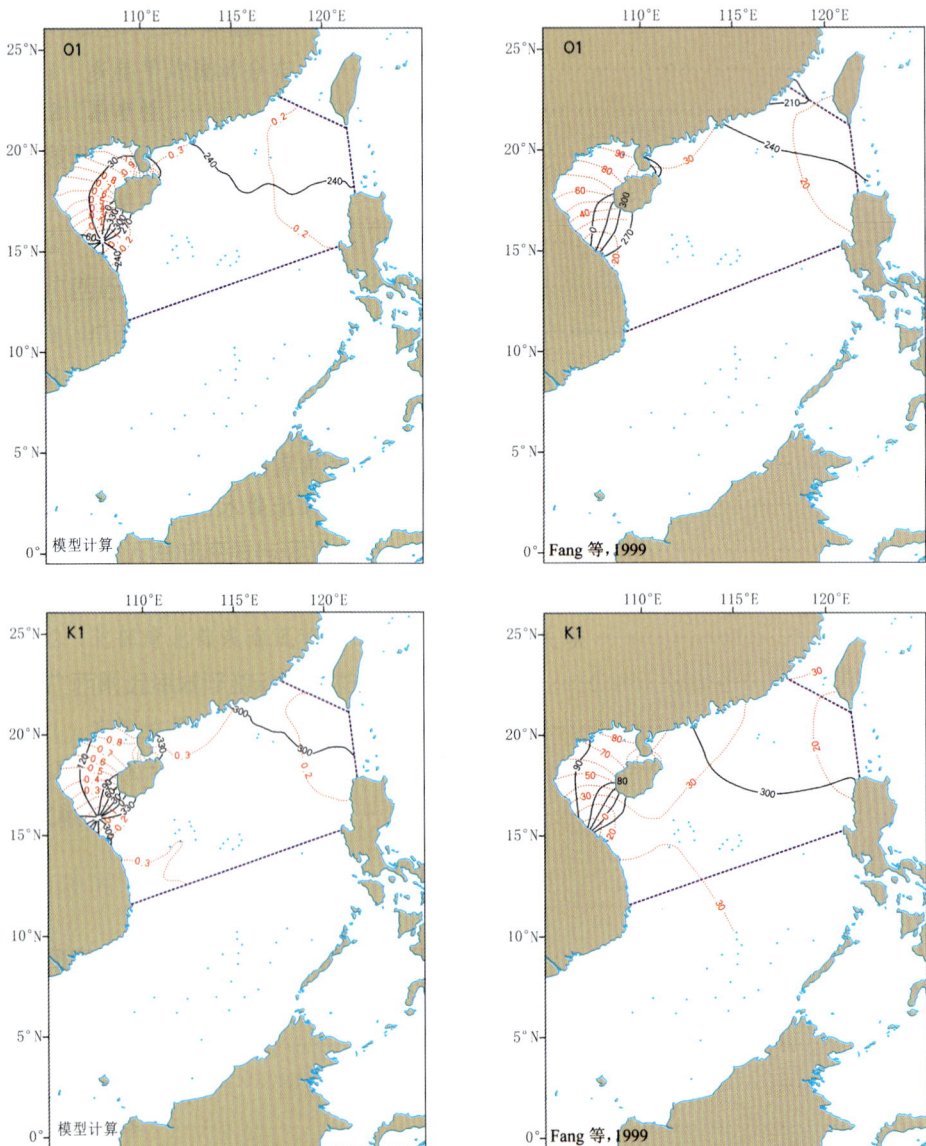

图 2-7　模型计算的 O_1 和 K1 分潮同潮图与 Fang 等[15] 结果对比

果略高。全日分潮的同潮图显示,研究区域全日分潮的潮波系统比半日分潮简单,尤其在南海北部海域。与半日分潮不同,南海北部海域 K_1 振幅较小,约为 40 cm,等振幅线分布与 Fang[17] 模拟结果非常相似。另外还可以看到,全日分潮波在北部湾内形成一个退化的无潮点,湾内振幅较大,显示北部湾主要为全日潮海区。S_2 分潮和 O_1 分潮的同潮图分布分别与 M_2 和 K_1 分潮相似。

（2）低频水位验证。

用于验证模型的水位观测数据来源于夏威夷大学海平面数据中心(UHSLC),主要选取南海北部沿岸的汕尾、香港、闸坡,广西沿岸的北海站以及海南沿岸的东方、海口站。模拟和观测的日平均水位比较结果如图 2-8～图 2-12 所示,虚线为观测水位,实线为计算结果。观测站水位变化受风速和风向的影响显著,在台风过境时更明显。从水位对比图中可以看出,总体来说模型计算的南海北部沿岸水位的低频变化与实测结果较为一致。分别计算各个站位观测和模拟水位的相关系数,汕尾、香港、闸坡、海口和北海站的相关系数分别为 0.75、0.73、0.75、0.64 和 0.55。模拟结果基本能够反映南海北部近岸水位的低频波动,模式计算结果与观测水位存在一定的偏差,从对比图和相关系数可以看到北海站的计算结果相对较差,这主要受限于模型在近岸的分辨率和地形等条件。

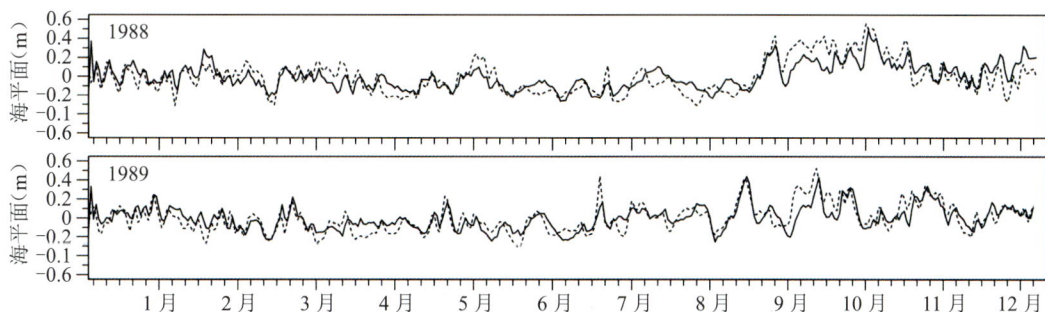

图 2-8　汕尾站观测的 1988 年和 1989 年低频水位与模型计算结果对比
（实线代表模型结果,虚线为验潮站观测结果）

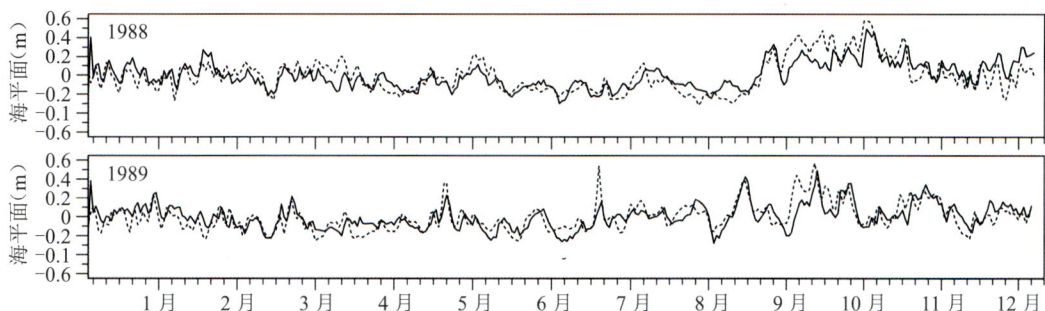

图 2-9　香港站观测的 1988 年和 1989 年低频水位与模型计算结果对比
（实线代表模型结果,虚线为验潮站观测结果）

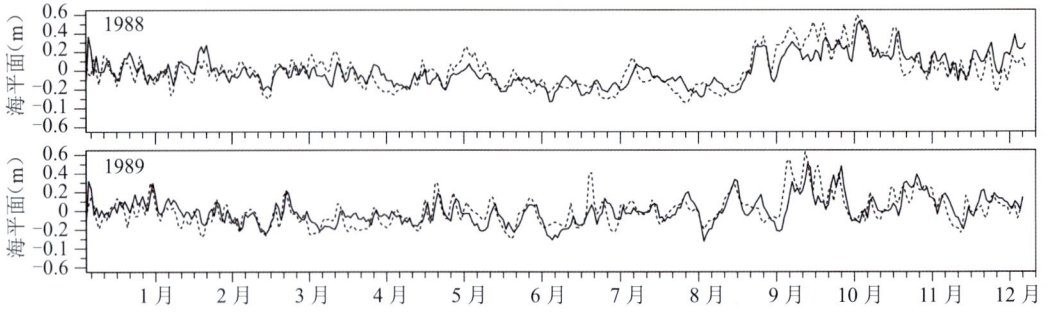

图 2-10　闸坡站观测的 1988 年和 1989 年低频水位与模型计算结果对比
（实线代表模型结果，虚线为验潮站观测结果）

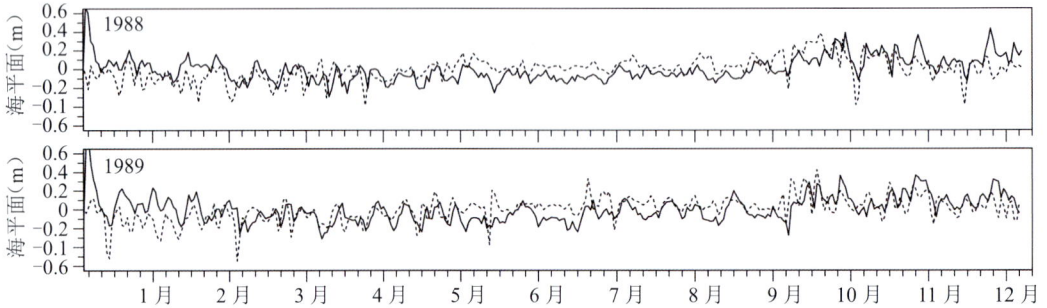

图 2-11　北海站观测的 1988 年和 1989 年低频水位与模型计算结果对比
（实线代表模型结果，虚线为验潮站观测结果）

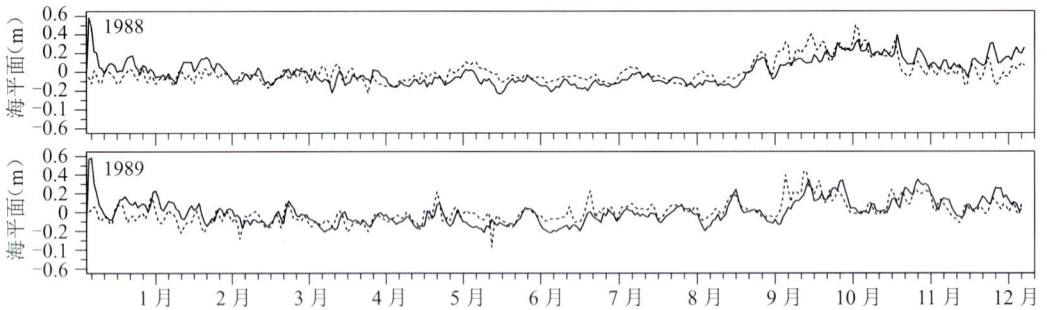

图 2-12　海口站观测的 1988 年和 1989 年低频水位与模型计算结果对比
（实线代表模型结果，虚线为验潮站观测结果）

（3）海表面温度验证。

与前一章节相似，对模式计算的 SST 验证选用四个季节的 SST。模式和卫星观测的 SST 对比分布图（图 2-13）显示，模拟结果与卫星观测数据较为一致，模拟结果较为理想，模式能够较好地模拟南海北部海域海表面温度结构。从 SST 分布图可以看出，冬季南海北部温度分布北低南高，南北温差较大，约为 5 ℃，近岸海域温度较外海低，约为 19 ℃，等温线基本与岸线平行。夏季南海北部海域温度普遍升高，南北温差小于 2 ℃。

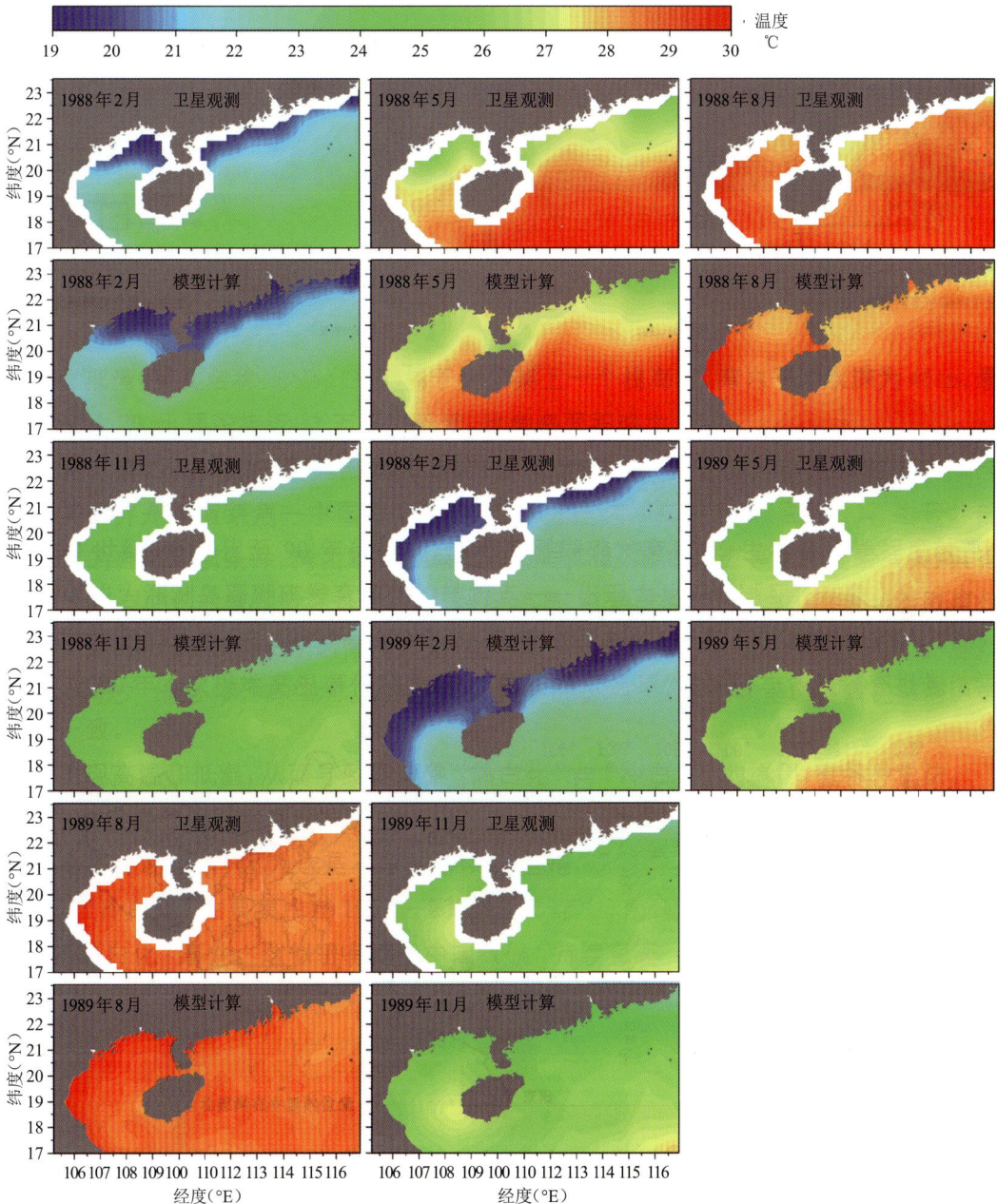

图 2-13　南海北部卫星观测和模型计算的 1988 年和 1989 年 2 月、5 月、8 月、11 月的 SST 对比图

参考文献

[1] Chen C., Huang H., Beardsley R C., Liu H., Xu Q., Cowles G., A finite-volume numerical approach for coastal ocean circulation studies: comparisons with finite difference models [J]. Journal of Geophysical Research, 2007, 112: 1-34.

[2] Xue P., Chen C., Ding P., Beardsley R C., Lin H., Ge J., Kong Y. Saltwater intrusion into the Changjiang River: a model guided mechanism study [J]. Journal of Geophysical Research, 2009,

114:1−15.

［3］Yu H., Chen X., Bao X., Thomas P., Wu D. A novel high resolution model without open boundary conditions applied to the China Seas. first investigation on tides［J］. Acta Oceanologica sinica, 2010, 29（6）:12−25.

［4］Ding Y., Yu H., Bao X., Kuang L., Wang C., Wang W. Numerical study of the barotropic responses to a rapidly moving typhoon in the East China Sea［J］. Ocean Dynamics, 2011, 61:1237−1259.

［5］Han G., Ma Z., deYoung B., Foreman M., Chen N. Simulation of three−dimensional circulation and hydrography over Grand Banks of Newfoundland［J］. Ocean Modelling, 2011, 40:199−210.

［6］Chen C., Liu H., Beardsley R C. An unstructured, finite−volume, three−dimensional, primitive equation ocean model:Application to coastal ocean and estuaries［J］. Journal of Atmospheric and Oceanic Technology, 2023, 159−186.

［7］Egbert G., Erofeeva S. Efficient inverse modeling of barotropic ocean tides［J］. Journal Of Atmospheric And Oceanic Technology, 2002, 19:475−502.

［8］Saha S. NCEP Climate Forecast System Version 2（CFSv2) Selected Hourly Time−Series Products［R］. Research Data Archive at the National Center for Atmospheric Research, Computational and Information Systems Laboratory, 2011.

［9］Carton J A, Chepurin G A, Chen L. SODA3:a new ocean climate reanalysis［J］. Journal of Climate, 2018, 31:6967−6983.

［10］国家科委海洋组海洋综合调查办公室. 中越合作−北部湾海洋综合调查报告［R］. 北京, 1964.

［11］Chen C., Lai Z., Beardsley R C., Xu Q., Lin H., Viet N T. Current separation and upwelling over the southeast shelf of Vietnam in the South China Seaa. ［J］. Acta Oceanologica sinica, 2012, 117: C03033.

［12］Minh L T, Josette G, Gilles B, et al. Hydrological regime and water budget of the Red River Delta （Northern Vietnam）［J］. Journal of Asian Earth Sciences, 2010, 37（3）:219−228.

［13］Gao J, Xue H, Chai F, et al. Modeling the circulation in the Gulf of Tonkin, South China Sea［J］. Ocean Dynamics. 2013, 63:979−993.

［14］Zhang W, Wei X, Zheng J., et al. Estimating suspended sediment loads in the Pearl River Delta region using sediment rating curves［J］. Continental Shelf Research, 2012, 38:35−46.

［15］Mellor G L., Yamada T. Development of a turbulence closure model for geophysical fluid problem［J］. Reviews of Geophysics, 1982, 20:851−875.

［16］Smagorinsky J. General circulation experiments with the primitive equations, I. The basic experiment［J］. Monthly Weather Review, 1963, 91:99−164.

［17］Fang G., Kwok Y., Yu K., Zhu Y. Numerical simulation of principal tidal constituents in the South China Sea, Gulf of Tonkin and Gulf of Thailand［J］. Continental Shelf Research, 1999, 19:845− 869.

［18］Ye A L, Robinson I S.Tidal dynamics in the South China Sea［J］. Geophysical Journal of the Royal Astronomical Society, 1983, 72（3）:691−707.

［19］Zu T., Gan J., Erofeeva S. Numerical study of tide and tidal dynamics in the South China Sea［J］. Deep Sea Research Part I:Oceanographic Research Papers, 2008, 55:137−154.

第 3 章

北部湾多年(1993—2012 年)平均环流特征

3.1 影响北部湾环流的动力因素

要看懂北部湾环流,必须要注意以下影响环流的动力学因子。

(1)琼州海峡的西向水体输运。

根据侍茂崇等[1]对实测资料研究的结果,琼州海峡终年有一西向流,平均流速为 $10 \sim 40$ cm s^{-1},冬、春季以 $0.2 \sim 0.4$ Sv(Sv=10^6 m^{3}s^{-1})向北部湾输入,夏、秋季则以 $0.1 \sim 0.2$ Sv 向北部湾输入。这对于北部湾季节性环流的形成有着不可忽视的作用:北部湾面积大约为 1.3×10^{11} m^2,平均深度为 46 m,总的水容量约为 6.0×10^{12} m^3;冬季,月平均水量输入约为北部湾水量的 $1/30 \sim 1/15$;夏季,琼州海峡西向输运平均水量约为北部湾水量的 $1/60 \sim 1/30$。

(2)风场。

风海流是指由风在海面产生的切向力作用引起的大规模水体流动,是大洋中一种重要流动,在陆架上更是如此。这是因为:a.陆架水浅(典型的水深是 100 m 以浅),风的能量集中在较少水体内,可以产生较强的海流;b.海岸的固体边界阻断表层埃克曼(Ekman)输送,引发了垂直运动。

由图 3-1 可见,北部湾的风向以北风为主,南风次之。风向的季节性变化明显:冬半年,盛行偏北风,局地风向以东北风为主;夏半年,以偏南风为主。季风交替期间的风向多变,平均风速也较小。

(3)径流。

注入北部湾北部沿岸的河流年总径流量占珠江入海径流量的 70%。如此巨量的径流进入半封闭的北部湾,毫无疑问会对这个浅海海湾的动力环境和生态环境带来巨大影响。

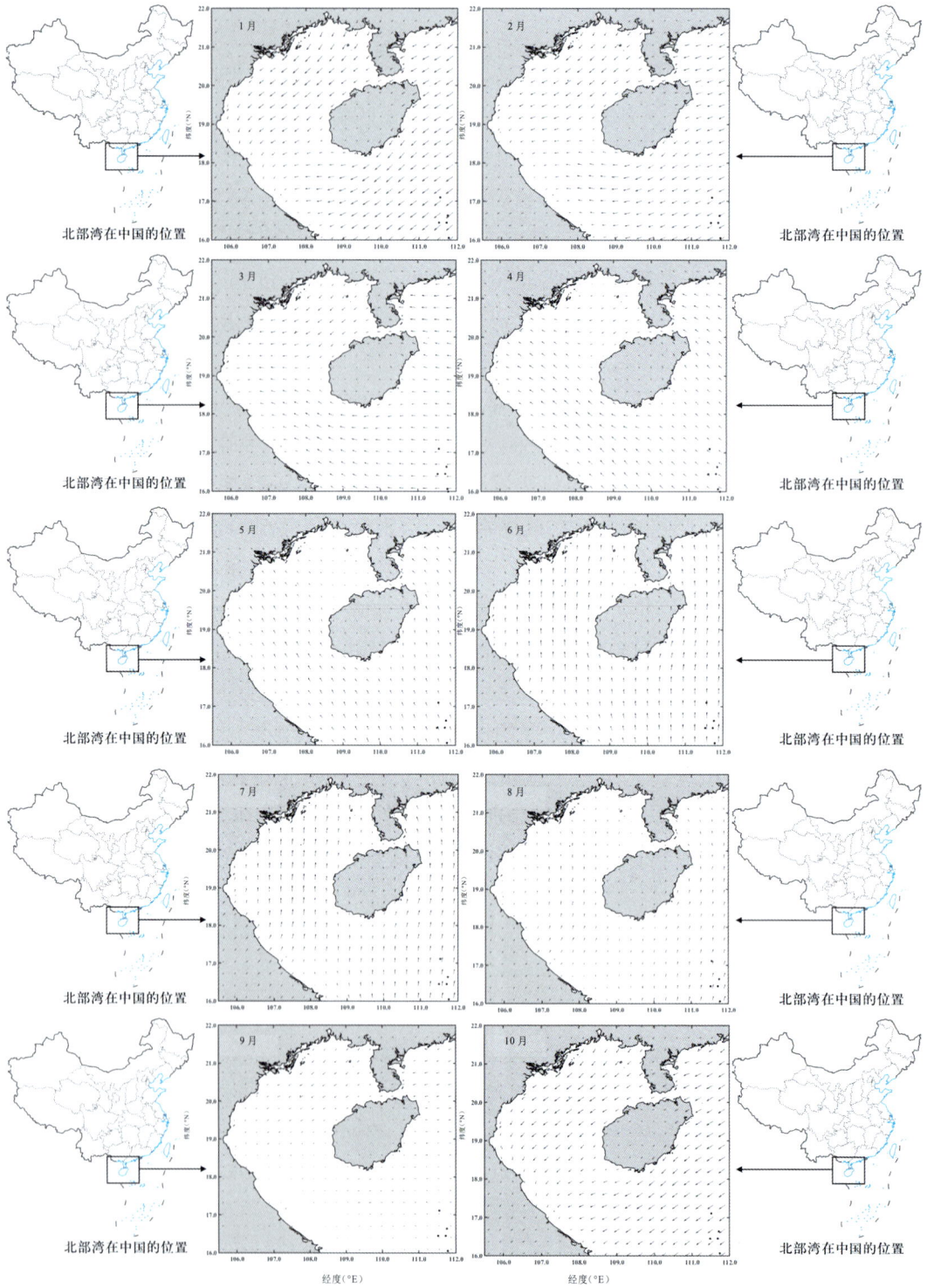

图 3-1（1） 北部湾气候态月平均风场（1993—2012 年）

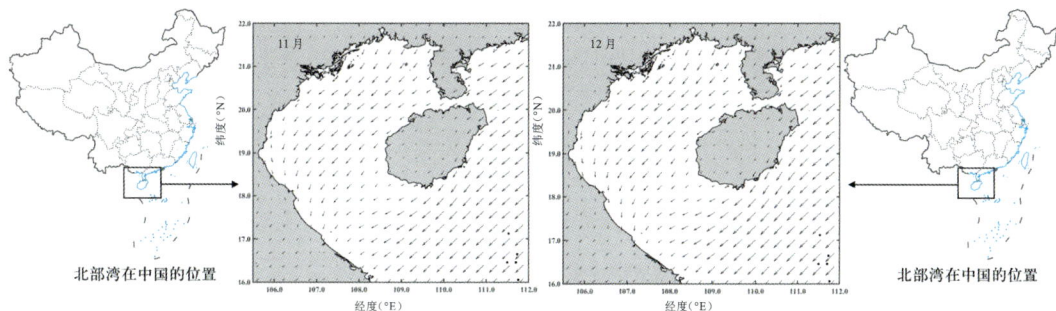

图 3-1(2)　北部湾气候态月平均风场(1993—2012 年)

(4)地形与潮汐余流。

北部湾全部在大陆架上,是半封闭海湾(图 1-1)。一般来说,在近岸和河口区域,水质点经过一个潮汐周期之后,并不回到原先的起始位置之上,这是由常流、湍流以及潮流本身的非线性现象所引起的。因此,学者将潮流出现非线性现象所导致的余流叫潮汐余流。在海区中,由潮汐余流产生的环流叫潮汐环流。TEE K T[2] 在对芬地湾的潮流作二维非线性数值模拟的研究中指出,潮汐余流是由三种原因引起的:a. 非线性底摩擦效应;b. 连续方程中的非线性项;c. 动量方程中的非线性平流项。在芬地湾内一些地带,强潮流和复杂的地形影响能引起强大的惯性效应,它在潮汐余流中起重要作用。

潮汐余流的流速可从每秒几厘米到几十厘米,与月平均风生流具有相同的量级。潮汐余流自成环流体系,是浅海环流的重要组成部分。

分析所用的潮汐余流,是从现场流速观测资料中去掉天体引潮力引起的周期性流动之后,剩余的那部分流动[3]。为了从实测海流资料中得到低频余流的资料,需要对资料进行整理:先将实测海流分解成东、北分量,再对各分量进行滤波。滤波方法采用 Thompson 滤波公式[3]。滤波结束之后再进行合成。但是,尽管经过严格滤波,仍然可见潮汐的影响(图 3-2)。

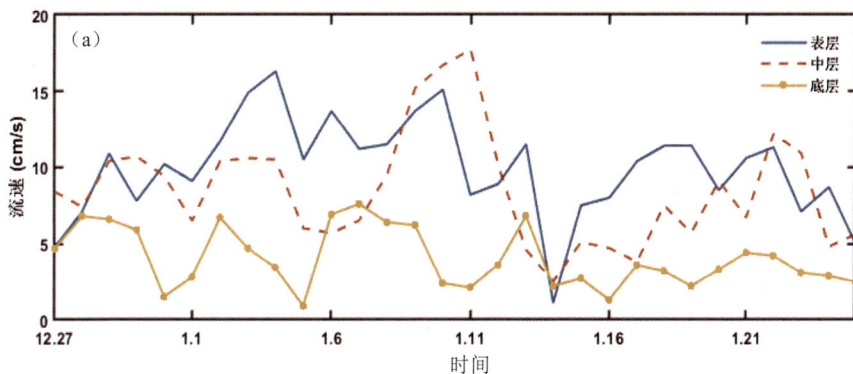

图 3-2(1)　洋浦余流(a)与对应潮位(b)

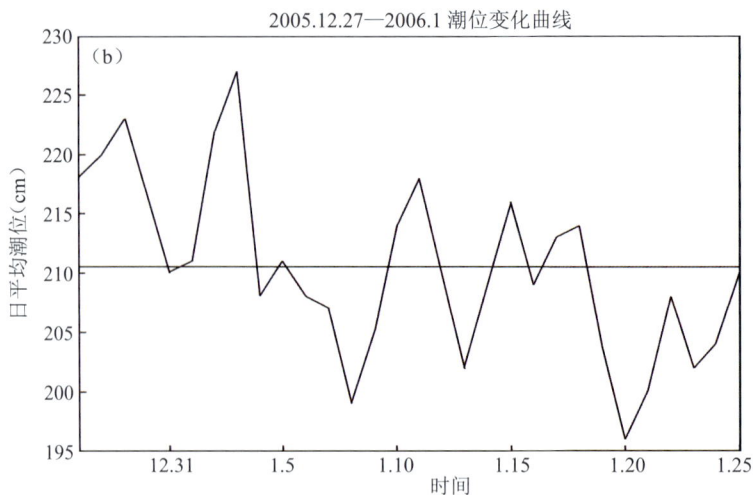

图 3-2（2） 洋浦余流（a）与对应潮位（b）

3.2 表层平均环流特征

所谓"平均环流"，即将 1993—2012 年逐年环流计算结果平均而得（图 3-3～图 3-5）。

总的来看，全年有 8 个月（1、2、3、4、9、10、11、12 月）是气旋式环流，其余 4 个月（5、6、7、8 月）是多涡结构（图 3-3）。

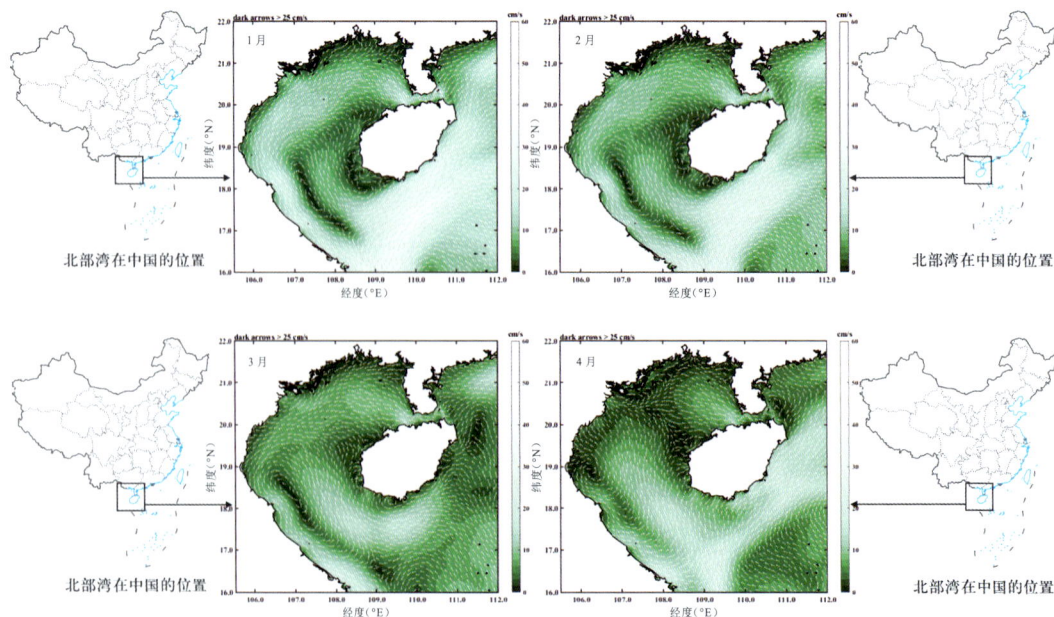

图 3-3（1） 北部湾表层月平均环流（1993—2012 年）

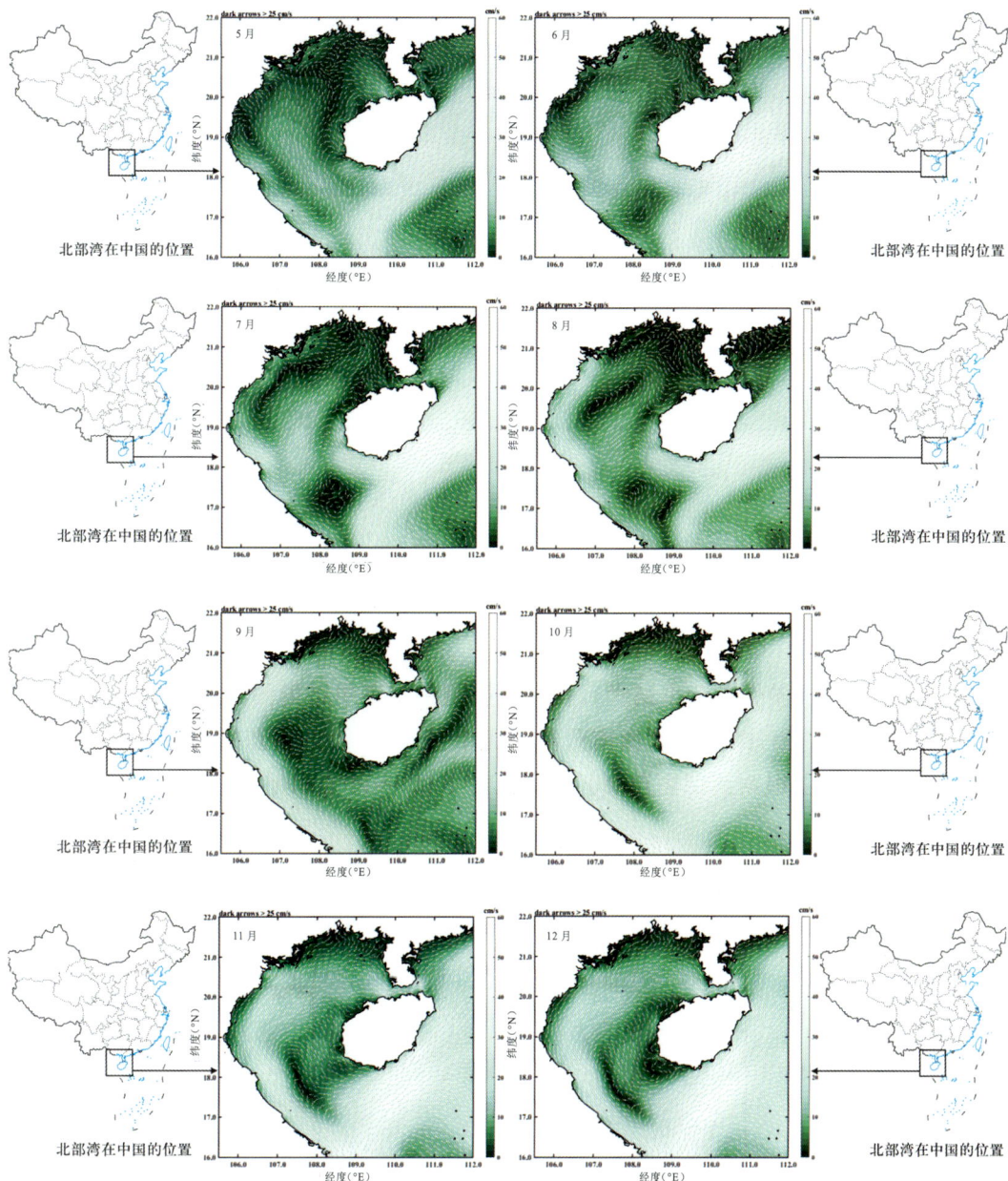

图 3-3（2）　北部湾表层月平均环流(1993—2012 年)

3.2.1　气旋式环流

（1）总体特征。

该环流，东从琼州海峡起西流，越过广西近海，到达越南东岸转而南流。海南岛西岸近海水体，受这个气旋式环流牵引，流动向北，到洋浦附近，转向西流,构成这个环流的东缘。环流中心，位于北部湾水深最深处——洋浦西面 60 m 等深线处。其流速一般为 10 ～ 20 cm/s,强流速带在越南近岸水域。

（2）月际差异。

在气旋环流占优势的 8 个月中，环流中心的北缘基本在 20°20′N 附近，即与琼州海峡的中心线一致。20°20′N 以北的广西近海，基本受来自琼州海峡的南海水与广西沿海的入海径流所控制。20°20′N 以南，来自湾口的南海水，沿着北部湾 60 m 深槽，先是西北然后东北流向海南岛洋浦的西缘，构成这个气旋环流的东界。

除了去横贯全域的气旋式环流之外，在北部湾西南部靠近湾口，还有一个小尺度气旋式环流：呈西北—东南向狭长分布，长轴约 200 km，短轴约 100 km。3、4、9 月环流中心偏西，其余月份环流中心偏东。可以看出，环流中心位置明显受季风影响：北风强，越南沿岸流强，将气旋涡位置推向东；北风变弱的转换季节，越南沿岸流弱，气旋涡位置偏西。

在海南岛西南部东至三亚西至东方的大片海域，环流较弱，1、2、11、12 月，由气旋涡和反气旋涡构成；3、4、9 月，气旋涡和反气旋涡消失。究其原因，与入流的南海水有关——入流水增强，受地形和侧向摩擦作用，形成上述两个气旋。

3.2.2　反气旋式环流

总体来看，反气旋涡不典型，且尺度小，主要集中在海南岛西部。

5、6、7 月，南海水从北部湾南部湾口进入，从湾中心向西北运动。到 20°N 附近，一部分水体开始作反气旋式运动——在海南岛西岸昌江—洋浦的西部深水区，形成反气旋涡。但是 5 月，在反气旋涡上缘还有一个气旋涡存在；7 月，受越南红河口南向沿岸流的牵动，来自湾口的南海水，一部分转而向西，在越南近岸形成气旋涡。

8 月，在海南岛西南部近岸有一个反气旋涡之外，在北部湾中部还有一个尺度约为 200 km 的狭长的气旋涡。

受南向季风驱动，越南以红河为代表的径流，沿着海岸向西北方向运动。到钦江湾南面转而北流（6、7 月）或南流（5、8 月），形成反气旋涡。在海南岛西南部东至三亚西至东方的大片海域，则由一个尺度较大的反气旋涡控制。

3.3　中层平均环流特征

北部湾中间层 20 年平均环流如图 3-4 所示。

3.3.1　冬半年的气旋式环流

冬半年（1、2、3、10、11、12 月），该湾由横贯全域的气旋式环流占据：来自湾口的南海水，从海南岛一侧向北，到 20°30′N 附近转向西，从距离海南西海岸约 100 km（约占海湾宽度 1/3）处，折转向南流出湾口，从而形成与海南岛西部岸线近似平行的一个弧状的（南北长 250 km、东西宽约 50 km）气旋式环流。但是沿岸部分区域，受岬角地形影响，诞生出众多的涡旋。

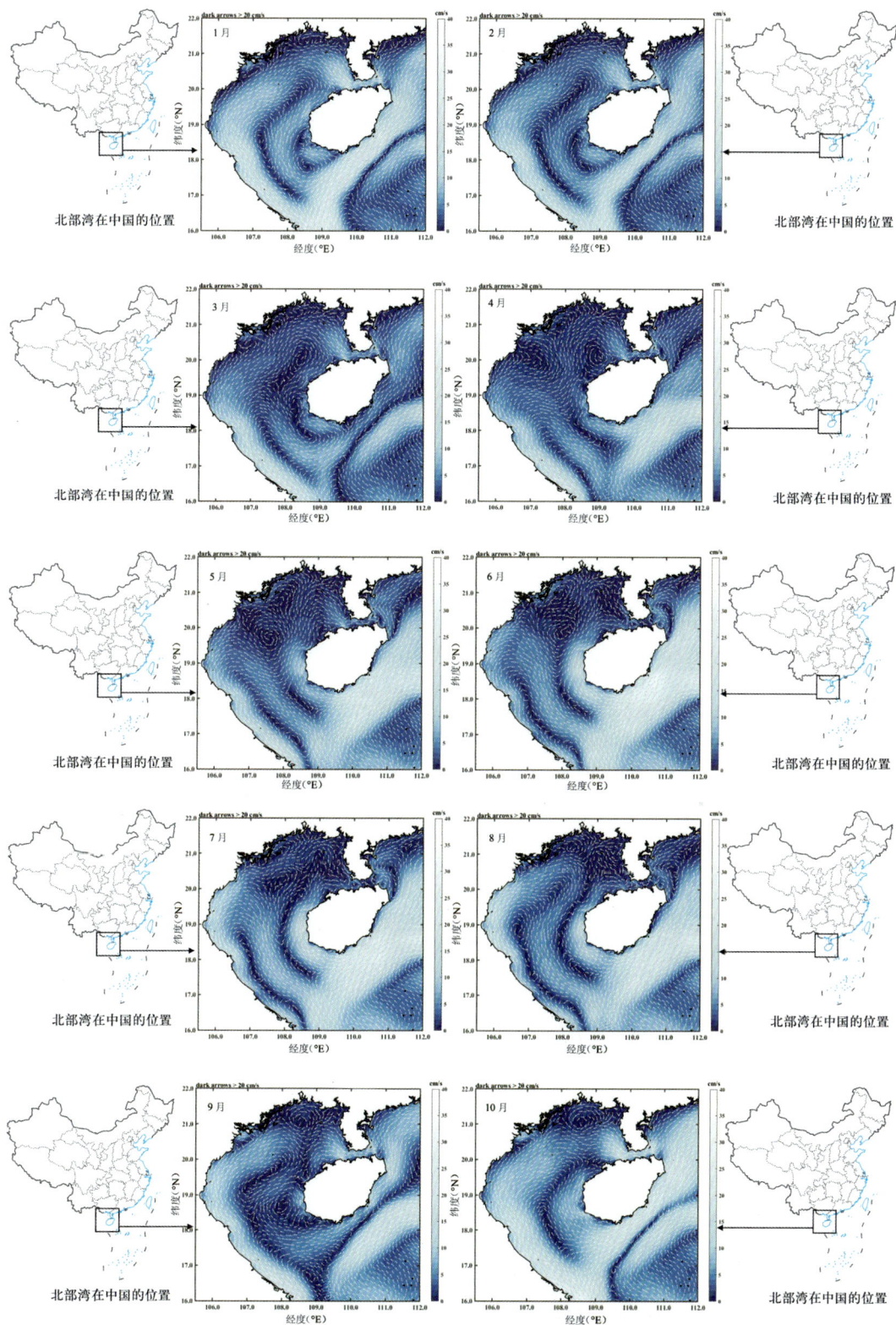

图 3-4(1)　北部湾中层月平均环流(1993—2012 年)

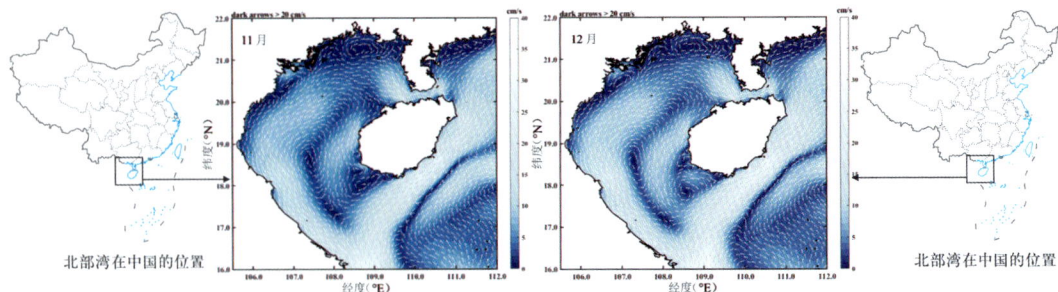

图 3-4（2）　北部湾中层月平均环流（1993—2012 年）

（1）广西近海。

1、2、3、10、11、12 月，21°N 以北的广西近海从西向东分别由两个反气旋涡占据：一个是从北仑河口向东到北海入海岬角处（东西尺度约 100 km）的大尺度反气旋涡，它的形成与北海的入海岬角有关；另一个是铁山湾外尺度约 20 km 的较小的反气旋涡。

（2）海南岛的莺歌海。

受莺歌嘴的岬角地形影响，莺歌海有一个尺度约 20 km 的反气旋涡。

（3）越南近海。

从北仑河口向西南到红河口，基本由气旋涡和反气旋涡占据，中间以姑苏群岛作为分界。它们的形成与姑苏群岛的岬角地形有关。

3.3.2　夏半年的复杂结构环流

4、5、6 月，琼州海峡的入流水控制 108°30′E 以东水域；受夏季南风的影响，来自湾口的南海水基本控制 108°30′E 以西水域。19°N 以北水域形成东部气旋涡、西部反气旋涡的双涡结构。108°30′E 以西，自钦州湾起，为自北而南的南向流。

7、8 月，由于南风增强，北部湾北部仍然保持气旋涡与反气旋涡的东西对应；在海湾中部，来自湾口的南海水将 108°30′E 以西水域的反气旋涡变为气旋涡，还有一部分向东加入海南岛西部的向南沿岸流，形成自北而南的带状反气旋结构。

9 月是过渡月，在结构上有些类似 8 月。但是，广西近海由单一反气旋涡控制，近海南岛一侧的反气旋环流消失。

3.4　底层平均环流特征

3.4.1　与中层环流相似与相异之处

（1）相似之处。

与中层环流相比，底层平均环流（图 3-5）有如下相似之处。

① 冬季（11、12、1、2 月），底层与中层有相似的气旋环流：来自湾口的南海水，从海

南岛一侧向北,到 20°30′N 附近转向西,从距离海南海岸约 100 km（约占海湾宽度 1/3）处,折转向南流出湾口,从而形成与海南岛西部岸线近似平行的一个弧状的（南北长 250 km、宽约 50 km）气旋式环流。

② 夏季（6、7、8 月）,底层与中层环流有相似的结构:来自湾口的南海水,从海湾中部偏西进入北部湾,主流西部是气旋涡,主流东部是反气旋涡,但是这个反气旋涡要强于中层。

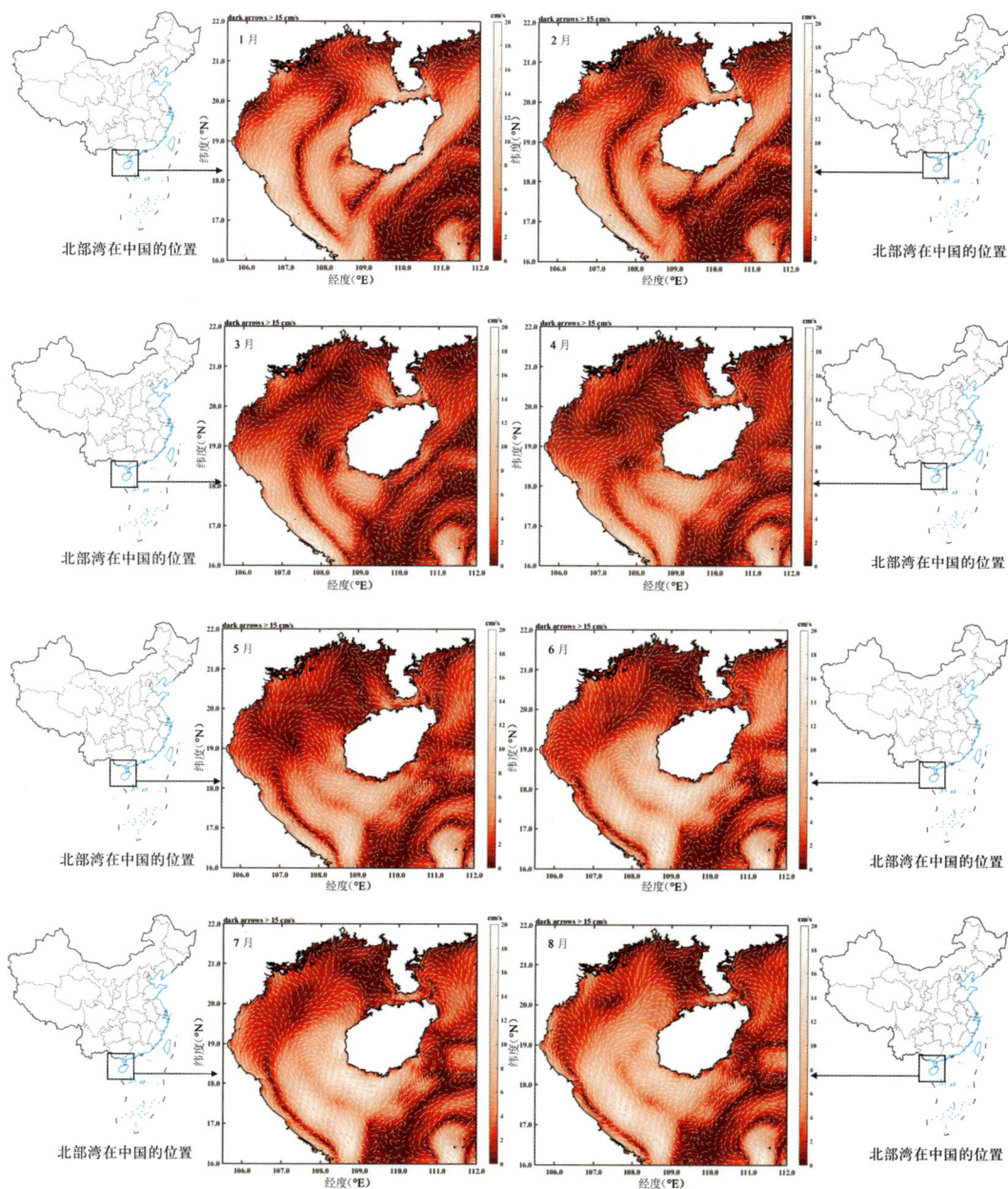

图 3-5（1）　北部湾底层月平均环流（1993—2012 年）

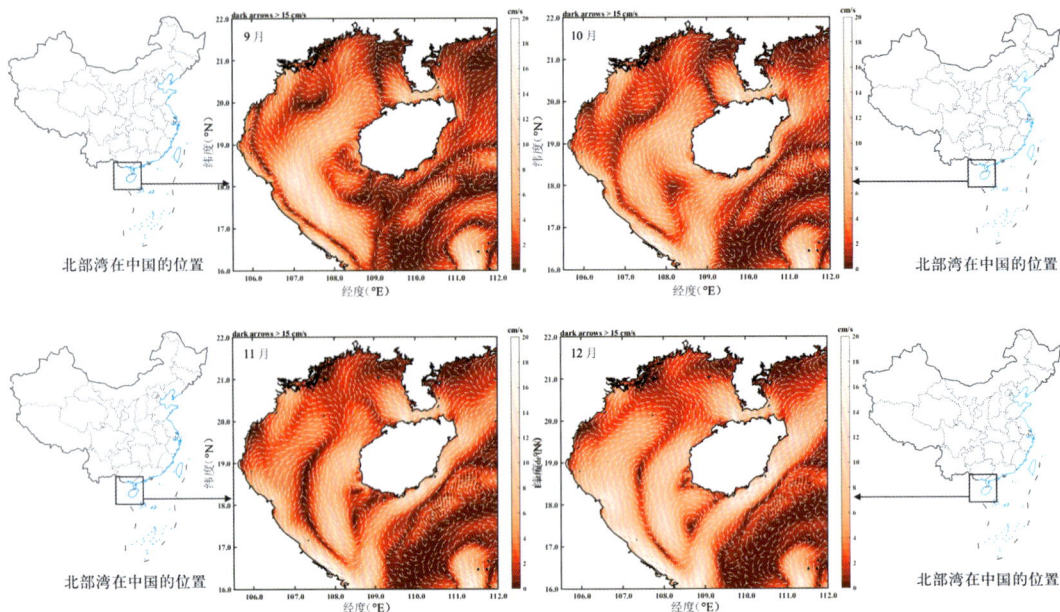

图 3-5（2）　北部湾底层月平均环流（1993—2012 年）

（2）相异之处。

① 春季（3、4、5 月），底层与中层在 3 月的最大区别是北部气旋涡范围扩大；4、5月，中层的反气旋涡将海水辐聚下沉，在底层辐散，受科氏力影响形成顺时针旋转的点源螺旋。

② 秋季（9、10 月），湾口进入的南海水势力大增，可以直达广西近海，侧向气旋涡移向越南一侧。海南岛西部狭长的气旋环流带消失。

3.4.2　底层环流特点

除了 1、2 月之外，其余 10 个月中，来自湾口的南海水可以直达北部湾北部，广西近岸受其影响。6、7 月，其影响范围较小，只在防城港以西海域；另外 8 个月中，影响范围扩大，从北海角向西都在其影响范围之内。

在北部湾北部，广泛存在北向的底层流。由此表明，广西近海存在较强的上升流。

来自湾口的外海水，与来自琼州海峡的粤西水，在广西涠洲岛—海南洋浦一带相遇，形成复杂的涡旋与锋面结构。海水在这里辐合下沉，构成北部湾重要的水文特征。

参考文献

[1] Shi M C, Chen C S, Xu Q C, et al. The role of the Qiongzhou Strait in the seasonal variation of the South China Sea circulation[J]. Journal of Physical Oceanography, 2002, 32（1）：103−121.

[2] Tee K T.Tide-induced residual currents, a 2-D nonlinear tidal model[J]. Journal of Marine Research, 1976, 6:34.

[3] Institute of Electrical. Proceedings of the IEEE 1978 National Aerospace and Electronics Conference: NAECON 78 [M]. Dayton, 1978.

第4章
广西近海水体输运实测资料与计算结果验证

4.1 铁山湾南面反气旋涡

为了佐证反气旋涡的存在,我们引用铁山湾南面海域 2013 年冬季(图 4-1)和 2014 年夏季(图 4-2)多船同步观测资料。可以看出,这个反气旋涡的上缘,就是铁山湾的外部岸线。

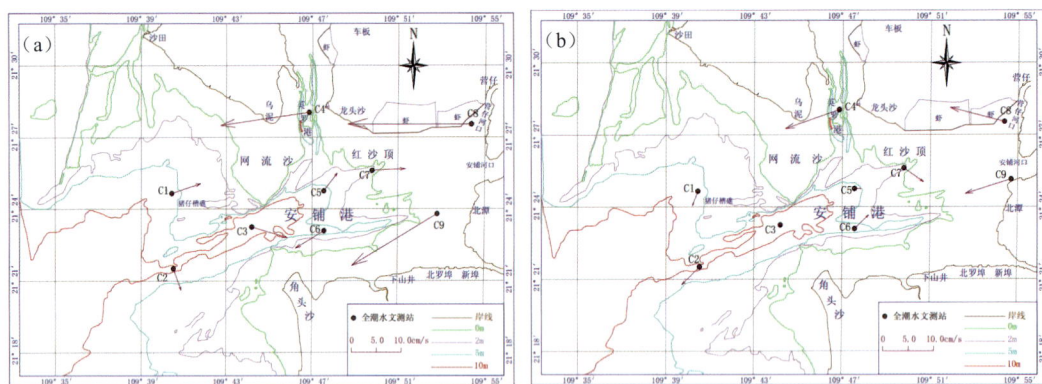

图 4-1　2013 年 12 月大(a)、小(b)潮余流

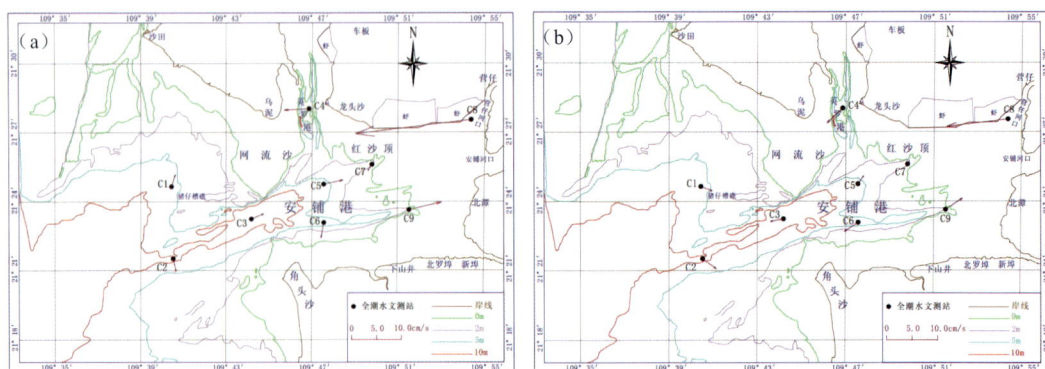

图 4-2　2014 年 7 月大(a)、小(b)潮余流

4.2　防城港以西水体输运

4.2.1　多年平均流场分布

就中层多年日平均环流（图 3-4）而言，防城港以西海域冬半年（1、2、3、10、11、12 月）由气旋式环流控制，近岸水体输运自东而西；夏半年（4、5、6、7、8 月）主要由来自越南近岸红河的径流北上形成的反气旋涡控制，近岸水体输运自西而东。

4.2.2　易变性

这里是深度浅于 20 m 的浅水区，受风的影响比较明显。例如，2011—2012 年的白龙尾的海流观测就说明了这一点。

为了研究台风与北部湾增减水的关系，2011 年郑斌鑫等人将 ADCP 锚定于白龙尾南面 10 m 水深、距岸约 1 km 处进行海流观测，然后将余流分季度画成一系列流玫瑰图（图 4-3，图 4-5，图 4-7，图 4-9）。从结果可以看出，春夏秋冬的流玫瑰，与 20 年平均结果大致相同。

（1）冬季。

① 2011 年 12 月到 2012 年 2 月为冬季，郑斌鑫等人将这三个月的实测资料经过滤波后得到的余流（海流），按不同流速间隔分级，再画成玫瑰图（图 4-3）。观测期间总体盛行东北季风，风向和风速相对稳定，风速范围为 7～15 m/s。表层余流仍然对东北季风响应显著，表现为西南向流。而中层和底层的余流流向则表现为稳定的东北向流，出现频率分别为 18.4% 和 19.7%。

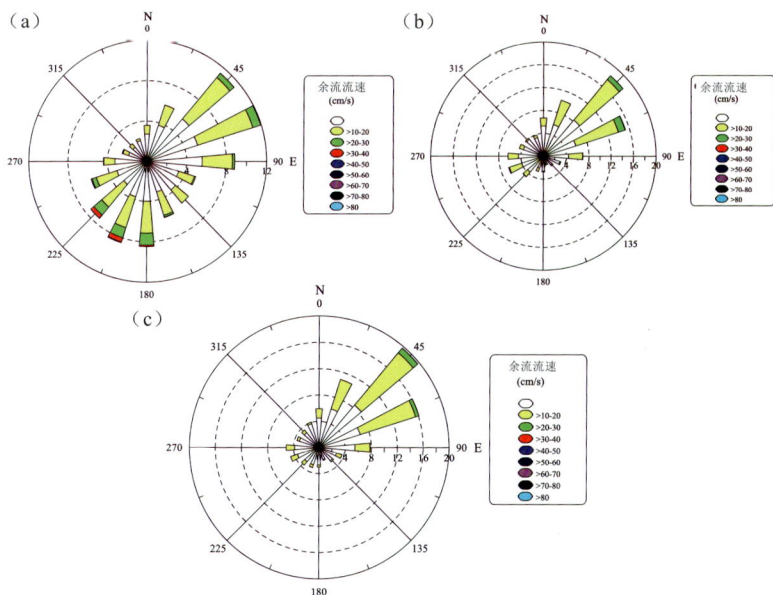

图 4-3　冬季表层（a）、中层（b）、底层（c）余流流速和流向分级玫瑰图（2011 年 12 月—2012 年 2 月）

② 数值计算结果。

在图 4-4 中,我们给出冬季代表月——2012 年 1 月表、中、底层及垂向平均环流。可以看出,表层余流多为南向流,而中间和底层余流则为东北向流,和观测结果非常一致。

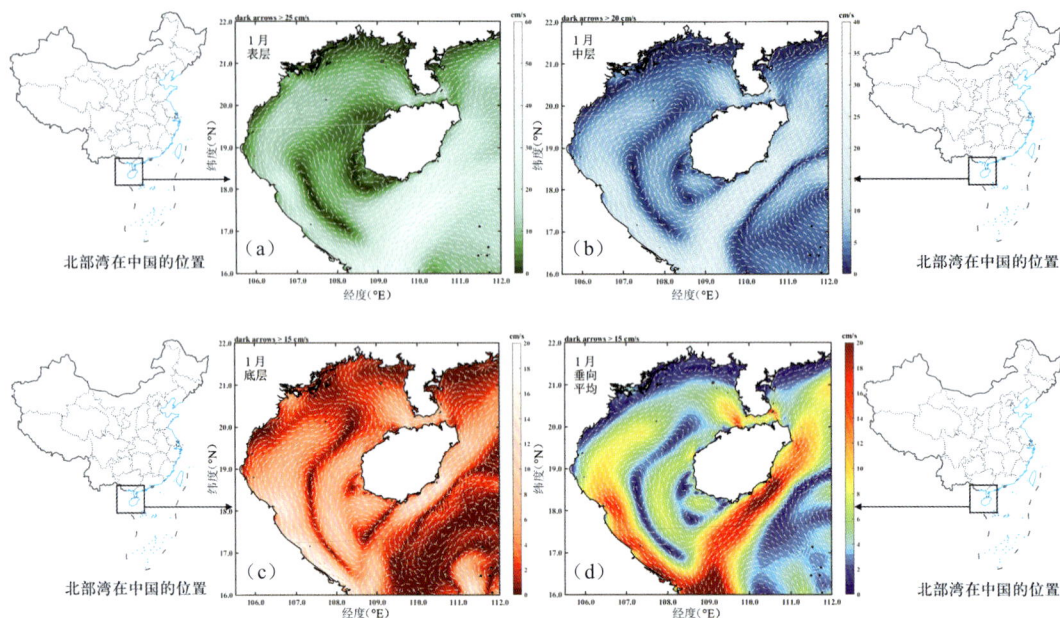

图 4-4　数值计算的 2012 年 1 月表层(a)、中层(b)、底层(c)及垂向(d)平均环流

(2)春季。

① 2012 年 3 月到 5 月为春季,将这 3 个月的实测资料经过滤波后得到的余流按不同流速间隔分级,再画成玫瑰图(图 4-5)。表、中层余流出现频率最大的方向为西南西向,出现频率分别为 18% 和 15.5%;底层余流则为北东向,出现频率为 12.7%。

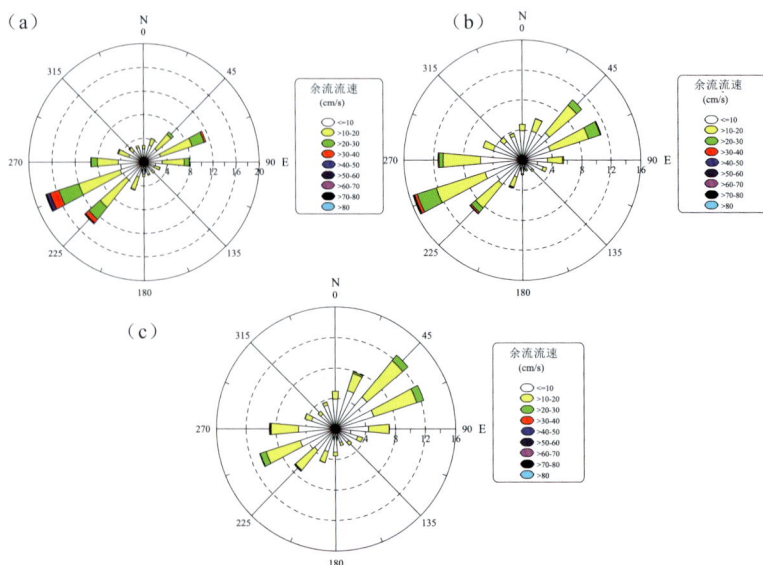

图 4-5　春季实测表层(a)、中层(b)、底层(c)余流流速和流向分级玫瑰图(2012 年 3—5 月)

② 数值计算结果。

在图 4-6 中，我们给出春季代表月——2012 年 4 月表、中、底层及垂向平均环流。可以看出，表层余流不明显，中层余流西南向占优，底层余流则为东北向流占优，和观测结果比较一致。

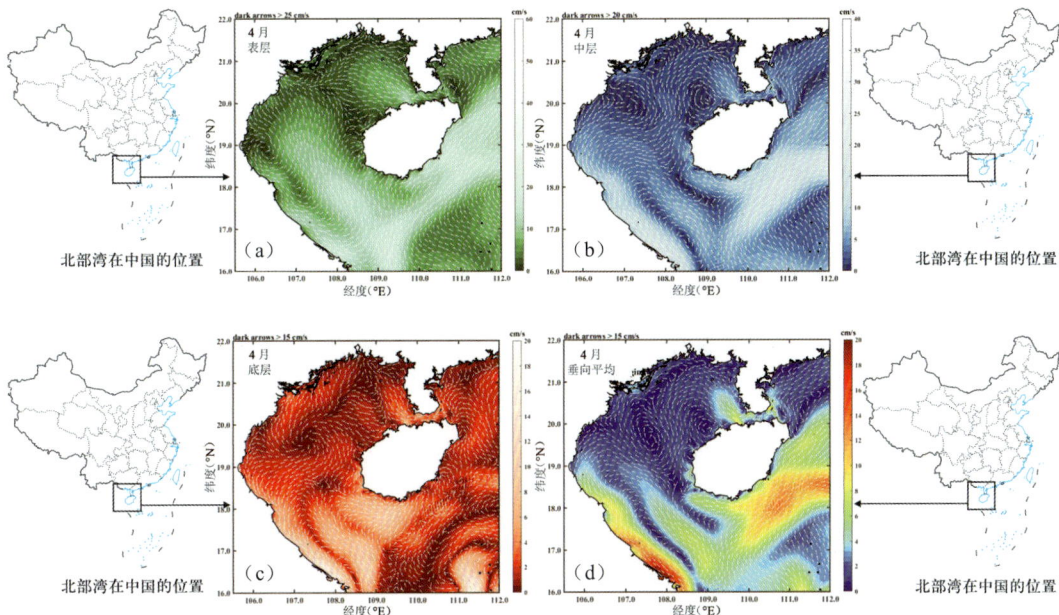

图 4-6　数值计算的 2011 年 4 月表层（a）、中层（b）、底层（c）及垂向（d）平均环流

（3）夏季。

① 2012 年 6 月到 8 月为夏季，将这三个月的实测资料经过滤波后得到的余流按不同流速间隔分级，再画成玫瑰图（图 4-7）。表、中、底层余流出现频率最大的方向均为西南西向，出现频率分别为 13.1%、18.2% 和 14%。

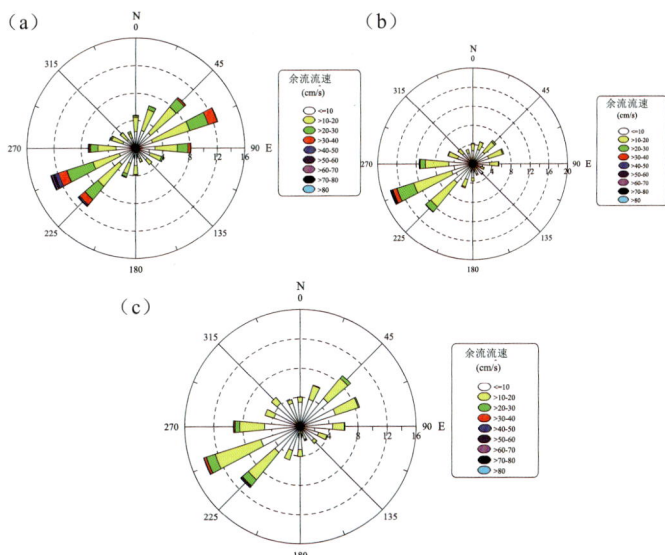

图 4-7　夏季实测表层（a）、中层（b）、底层（c）余流流速和流向分级玫瑰图（2011 年 6—8 月）

② 数值计算结果。

在图 4-8 中,我们给出夏季代表月——2012 年 7 月表、中、底层及垂向平均环流。可以看出,表层、中层余流西南向占优,底层余流尚无法判断,和观测结果基本一致。

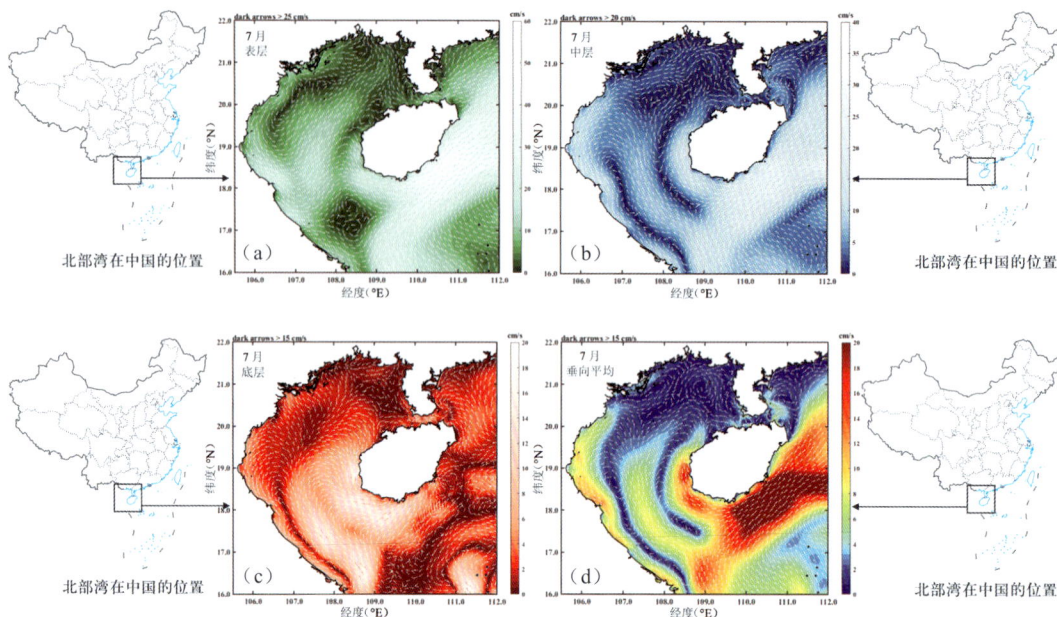

图 4-8　数值计算的 2011 年 7 月表层(a)、中层(b)、底层(c)及垂向(d)平均环流

(4)秋季。

① 2011 年 9 月到 11 月为秋季,将这三个月的实测资料经过滤波后得到的余流按不同流速间隔分级,再画成玫瑰图(图 4-9)。表层余流出现频率最大的方向为西南西向,出现频率为 15.3%,中、底层余流则为北东向,出现频率分别为 13.6% 和 16.9%。

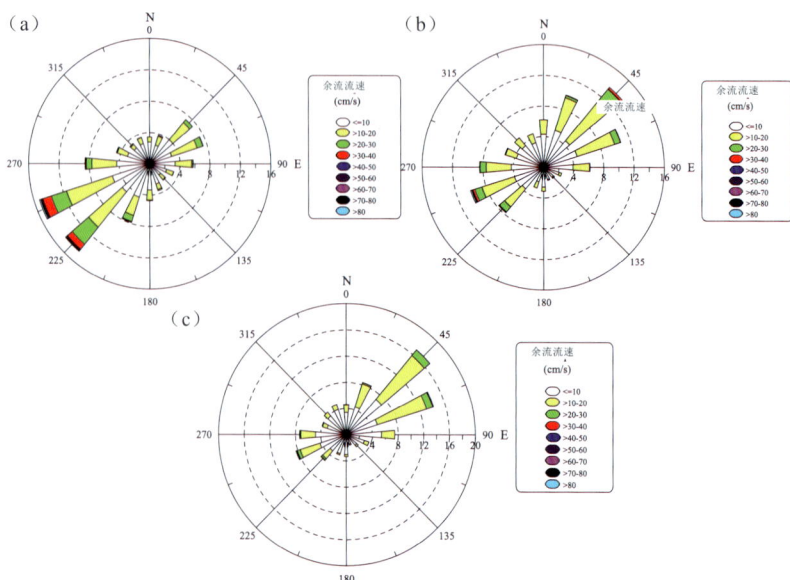

图 4-9　秋季实测表层(a)、中层(b)、底层(c)余流流速和流向分级玫瑰图(2011 年 9—11 月)

② 数值计算结果。

在图 4-10 中,我们给出秋季代表月——2011 年 10 月表、中、底层及垂向平均环流。可以看出,表层余流无法判断,中层和底层余流东北向占优,和观测结果基本一致。

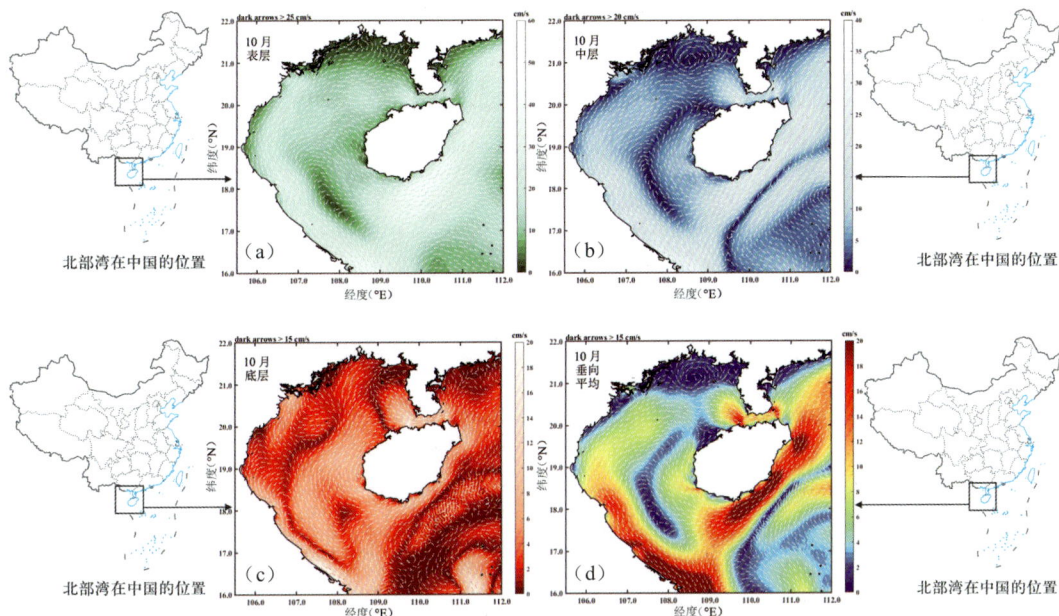

图 4-10　数值计算的 2011 年 10 月表层(a)、中层(b)、底层(c)层及垂向(d)平均环流

4.3　涠洲岛海流与夏季绕岛环流

4.3.1　多年平均环流

(1) 由中层多年月平均环流图(图 3-4)可以看出,在冬半年(10、11、12、1、2、3 月),涠洲岛附近的海流方向为西和西北向,流速在 5 cm/s 左右。

(2) 在夏半年(4、5、6、7、8、9 月),以涠洲岛为中心,形成一个气旋涡。这个气旋涡不是浅海的涡度守恒效应引发的,而是由南向季风在广西近海产生反气旋涡(西部)和气旋涡(东部)导致的。5、6、7、8 月气旋涡基本闭合,尺度在 100 km 左右。

4.3.2　佐证

为了佐证这个气旋涡的存在,我们引用国家海洋局第一海洋研究所在涠洲岛西南部附近 WZ10-3 站(20°48′49″N、108°37′38″E)的石油井架上用海流计分层观测的海流资料(图 4-11),从中可以看出如下特征。

(1) 风。

图 4-11 (a)给出现场观测的风。1988 年 10 月至 1989 年 3 月盛行西北风,寒潮频发,最大风速超过 20 m/s。4 月,占优势的仍是西北风,但是风速都在 7 m/s 以内,属于

风平浪静的天气。5月以后,南风、西南风占优势,虽有西北风出现,但只持续 1～2 天。

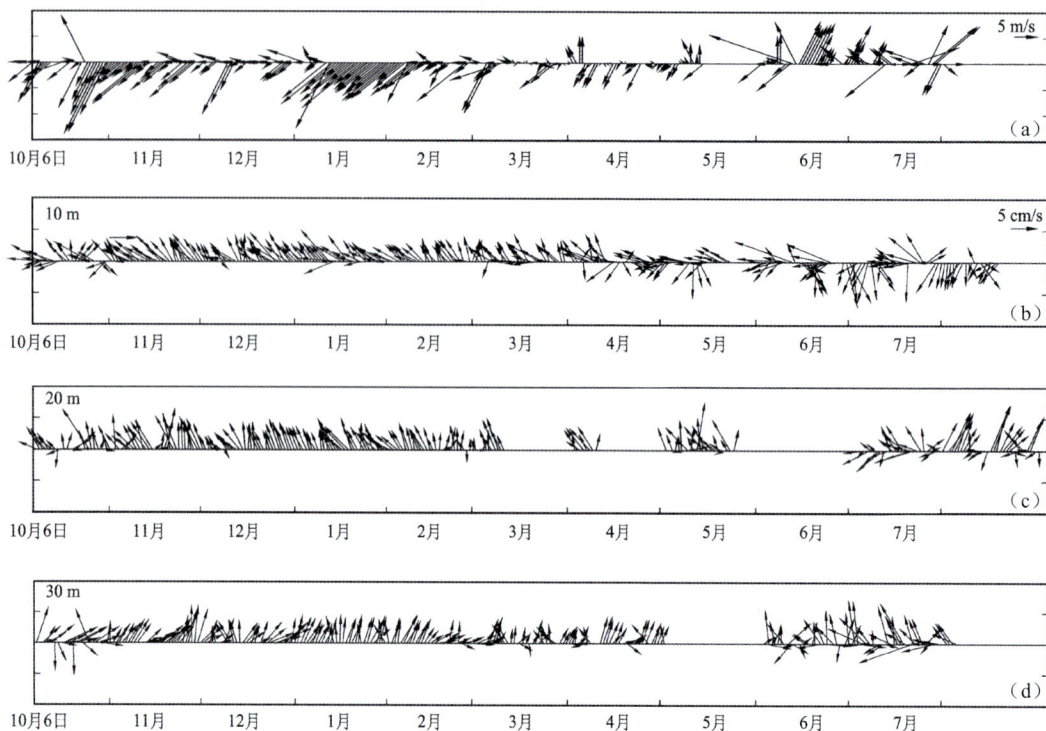

图 4-11　WZ10-3 站海面风矢量(a)和三层逐日余流矢量(c-d)

（2）10 m 层海流。

1988 年 10 月至 1989 年 3 月,涠洲岛西南方的海流方向为西和西北向,流速范围为 2～10 cm/s。4 月下旬以后,流向大部分转成西南、南和东南方向,流速范围多为 5～10 cm/s,和气旋涡西面的南向流较吻合。

（3）20 m、30 m 层海流和 10 m 层海流显著不同。

① 1988 年 10 月至 1989 年 3 月,流矢量不断右偏。20 m 层流矢量比 10 m 层北偏 15°,30 m 层流矢量比 20 m 层北偏 20° 以上。

② 4 月下旬以后,流向并没有转成西南、南和东南方向,而是继续保持偏北方向。

由此表明,这个气旋环流是上层环流,水深不深于 10 m。因为从 10 m 层流矢量可以看出,有 46% 的流矢量已经转向北方。

4.4　广西近海上升流

4.4.1　广西近海上升流基本特征

从图 3-5 可以看出,从北海向西,直到红河口北的姑苏群岛附近,全年的底层水都是流向海岸,和表层(图 3-3)海流流向有 75°～90° 的交角。流向海岸的水受阻上升,从而形成上升流。

（1）中越联合调查资料验证。

我们以中越联合调查的南北断面（6233～6234断面）为例（图4-12）：该断面位于北部湾中间108°E外，南北长超过300 km，布设11个观测站。

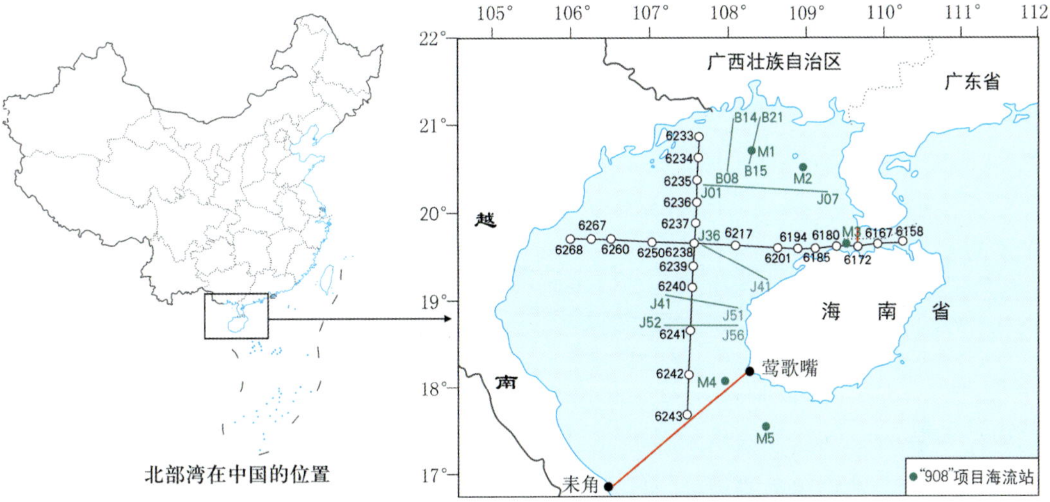

图4-12 中越联合调查断面（黑色）和"908"断面（蓝色）

从6233～6234断面8月的盐度（图4-13）、密度图（图4-14）中可以看出，水体从200 km外的6241站就开始向北上升，一直到终点6233站（北仑河口南）为止，上升的起点与我们计算的8月底层平均环流非常一致（参见图3-5）。底层水上升，表层水就要外流、下沉以平衡。下沉终点在6237和6238站之间（20°15′N～20°N），距离海岸约125 km，下沉深度在35 m附近。

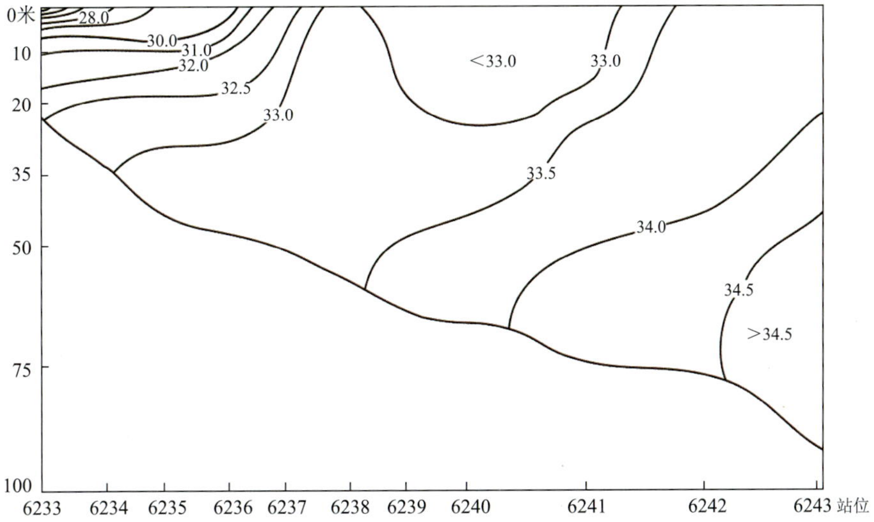

图4-13 中越联合调查6233～6243断面8月盐度分布

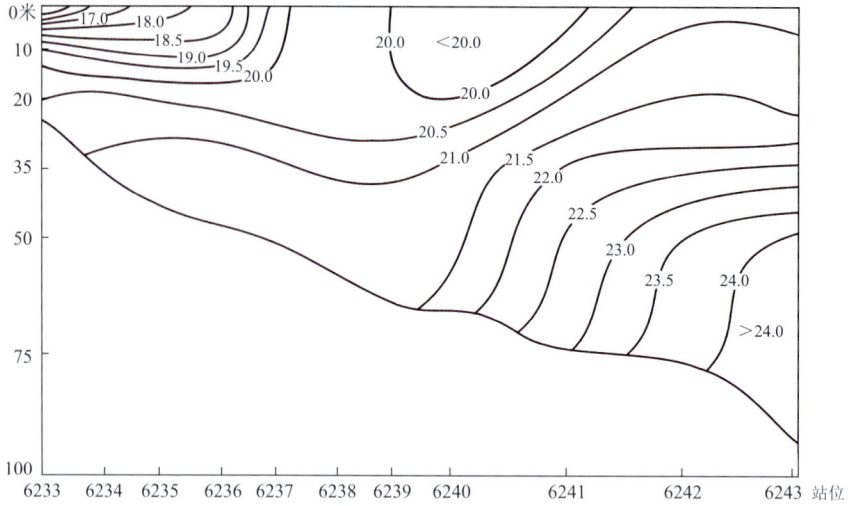

图 4-14　中越联合调查 6233～6243 断面 8 月密度分布

为什么在这个位置停止下沉？从图 4-14 中可以看出，来自湾口的外海水的前锋，就在 20°N 附近。这股高密度的外海水，阻止了来自岸边低密度水的下沉。

（2）"908"调查资料验证。

"908"专项于 2004 年正式实施，包括近海海洋综合调查、综合评价和"数字海洋"信息基础框架构建三大任务。北部湾的海洋综合调查由厦门大学承担，其调查结果也表明广西近海存在上升流。

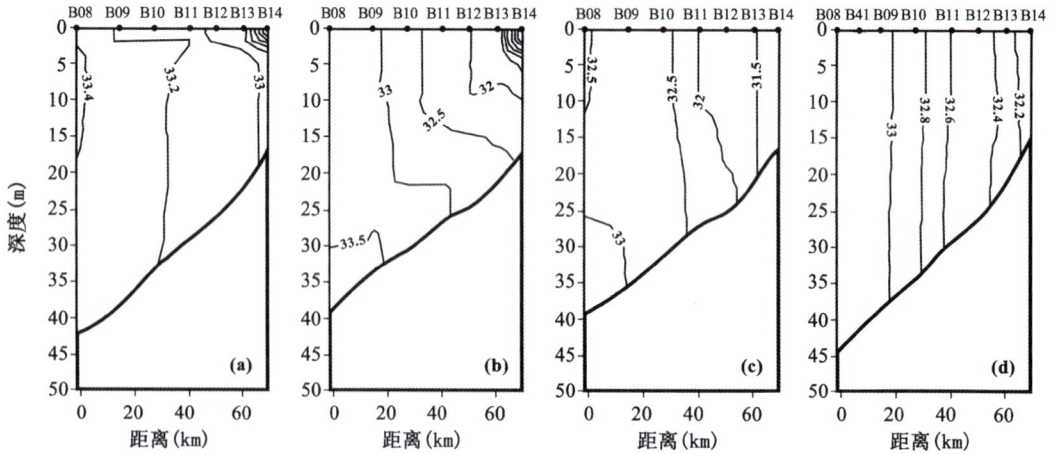

图 4-15　2006—2007 年不同季节 B08～B14 断面盐度分布
（a）2007 年春季；（b）2006 年夏季；（c）2007 年秋季；（d）2006 年冬季

① 防城港南 B08～B14 断面的上升流。

从图 4-15 可以看出，春、夏、秋季等盐线明显上升：夏季表层 29 psu 的低盐水只存在于表层 5 m 之内，底层 32 psu 的盐度可上升到 10 m 层；而中层水要下沉以补充，于是在底层上升的盐舌之上，又出现一个明显的下沉盐舌。春、秋季虽没有夏季那样强烈，但是趋势是相似的。冬季不那么明显,可能与冬季水体垂直混合强烈且盐度的水平分布比较一致有关。

② 钦州湾南 B15 ～ B21 断面的上升流。

该断面位于钦州湾与大风江之间,南北长 60 km。从图 4-16 中可以看出,温度与盐度的底层都有向浅水弯曲的趋势,中层温度则有向深层推进的舌状分布,这些都是上升流的典型特征。

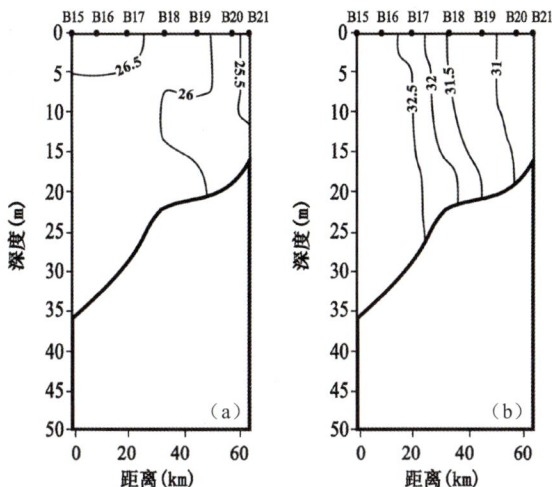

图 4-16　2007 年秋季 B15 ～ B21 断面温度(a)、盐度(b)分布

③ 涠洲岛南 J01 ～ J07 断面的下降流。

该断面位于涠洲岛南,呈东西走向,长 150 km。从图 4-17 中可以看出,从 J05 站(涠洲岛西边)开始,海水开始辐合下沉,温度与盐度的等值线呈舌状向下伸展。在下降流的牵引下,底层水沿着斜坡向上抬升。

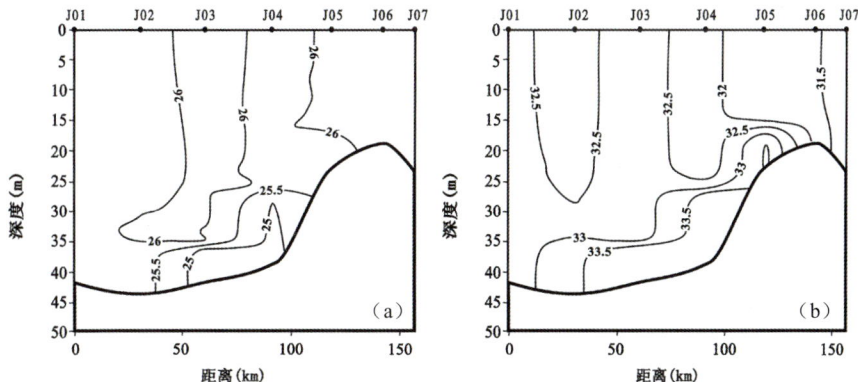

图 4-17　2007 年秋季 J01 ～ J07 断面温度(a)、盐度(b)分布

④ 同年同月的数值计算结果证实上述实测结果。

从 2006—2007 年春、夏、秋、冬季底层流场分布(图 4-18)中可以看出,四个季节的底层水都是向广西近海运动的。特别要指出的是，2007年10月，从涠洲岛西部向东南直到洋浦近岸，有一条海流辐合带，海水在这里辐合下沉，这个辐合带是导致J01～J07断面的下降流出现的直接原因。不单是10月，在四个季度中这个辐合带始终存在。它是来自湾口的南海水与来自琼州海峡的南海水在这里相遇辐合而成。

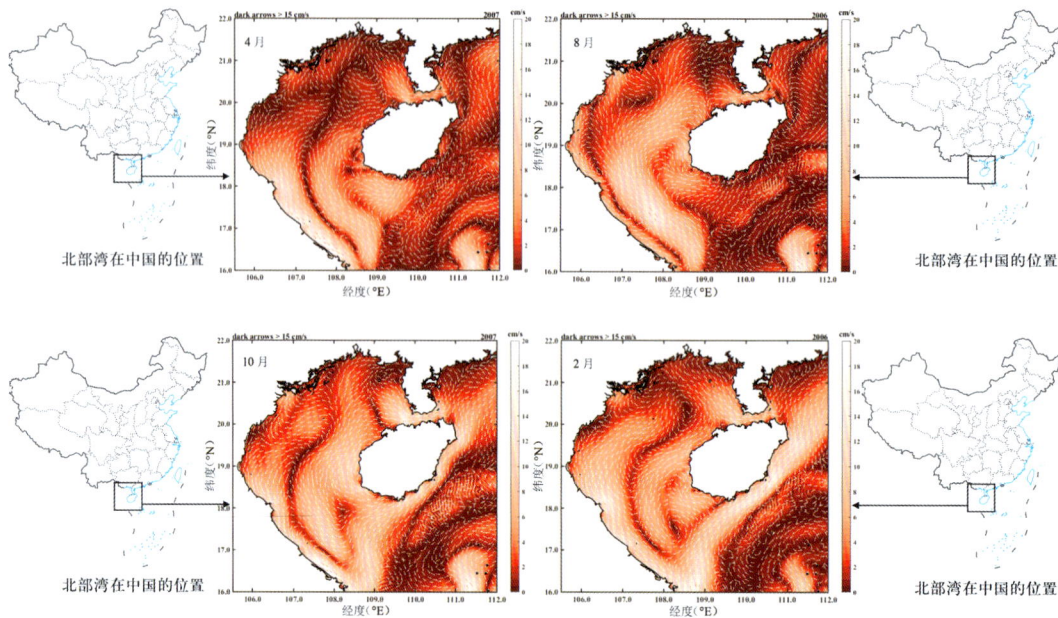

图4-18　2006—2007年春、夏、秋、冬代表月底层余流场分布

4.4.2　涠洲岛上升流

根据1988年10月至1989年3月涠洲岛附近余流资料绘制前进矢量，即余流逐日运动轨迹矢量连接起来形成的一条曲线（将欧拉余流用拉格朗日来表达），从中可以看出余流的基本特征（图4-19）。可以看出，10 m层水体基本向300°方向运动，30 m层水体则转向45°方向运动。由此表明，北部湾的底层水确实有向北岸爬升的趋势。5、6、7月虽然资料不完整，上升流趋势还是看得出来的。

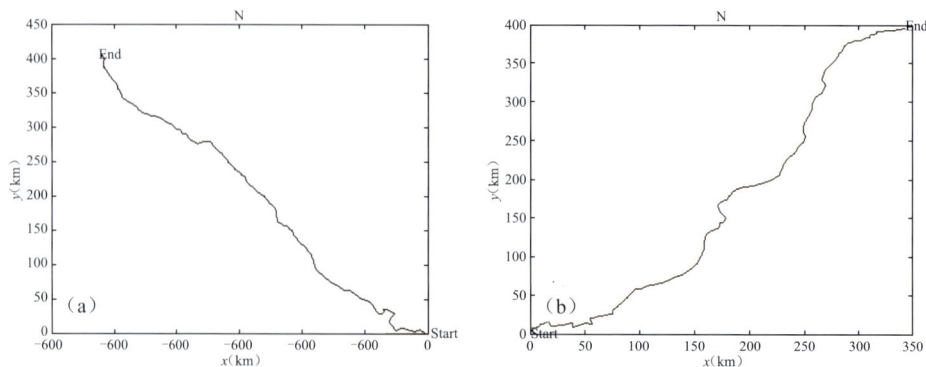

图4-19　涠洲岛附近石油井架观测的10 m层（a）、30 m层（b）余流前进矢量

4.5 越南东岸红河径流对广西近海水体影响

4.5.1 冬半年红河水偏南向运动

风是影响越南红河等径流扩散方向的主要因子。根据北部湾多年风场资料,冬半年为东北风占优势,因此,径流沿着越南海岸向西南方向扩散。图 4-20 为 2 月多年平均的表层海流与中越联合调查表层盐度对比,可以看出,等盐线基本平行于岸线分布,低盐等值线在岸边。不过,在红河河口前面等值线向东南方向弯曲,这与海流受红河口北的姑苏群岛阻挡有关。

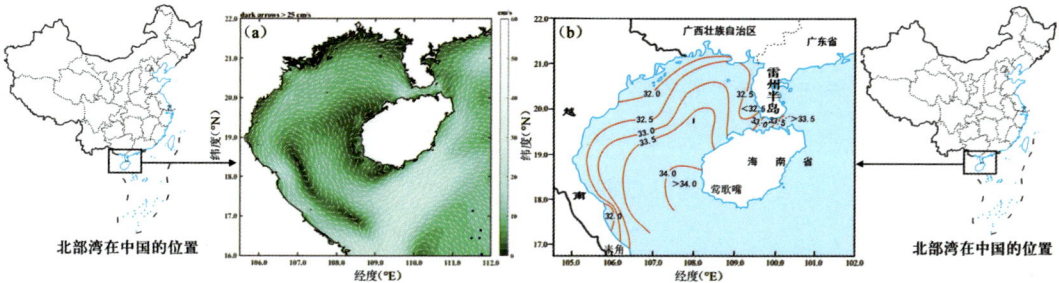

图 4-20　数值计算的 2 月表层环流(a)与中越联合调查的表层盐度(b)对比

图 4-21 为 10 月多年平均的表层海流与中越联合调查表层盐度对比,可以看出,低盐等值线在岸边。岸边等盐线高度密集,最低盐度只有 27 psu,远低于 2 月,这是夏季径流连续影响的结果。同样,在河口前面等值线向东南方向弯曲,这与海流受红河口北的姑苏群岛阻挡有关。

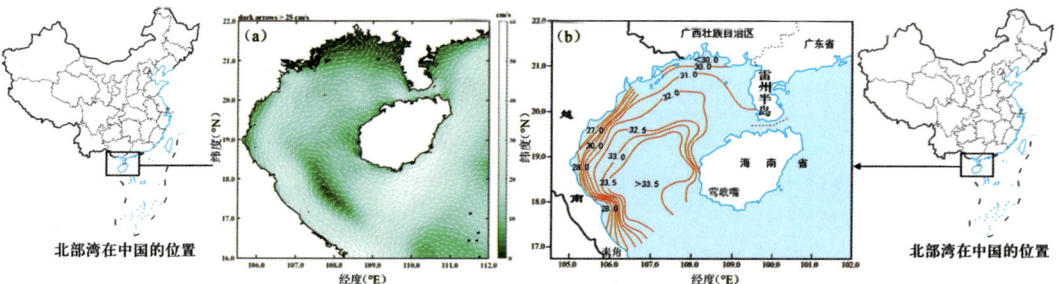

图 4-21　数值计算的 10 月表层环流(a)与中越联合调查的表层盐度(b)对比

4.5.2 夏半年红河水偏北向运动

夏半年(4～9 月)偏南风占优势。其中,4 月和 9 月是北转南的过渡月,风向虽转南向,但是风力很弱,不过 4 月强于 9 月。根据数值计算结果,4～8 月,红河水向广西近岸扩散的趋势非常明确,到钦州湾南面转而北流(6、7 月)或南流(5、8 月)。其中,6月,表层流影响更远,可以直达涠洲岛西面。

图 4-22 是 4 月多年平均的表层海流与中越联合调查表层盐度对比,可以看出,红

河径流沿着海岸向东北方向扩散,到广西的白龙尾南面,呈反气旋式折转向西南。与此同时,来自湾口的南海水顶托这个反气旋涡,形成等盐线的鞍形分布。

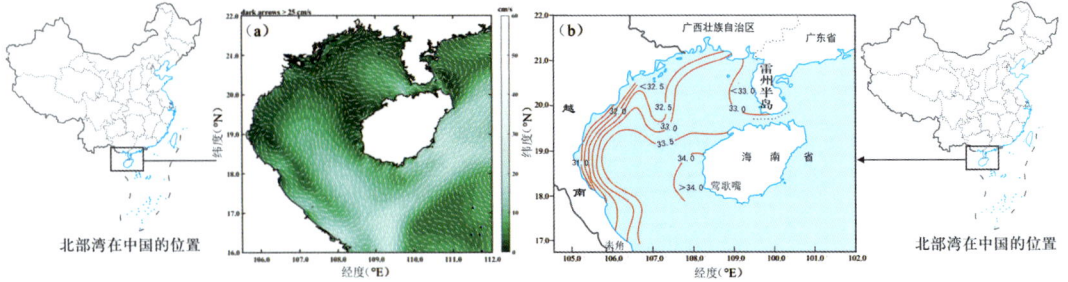

图 4-22　数值计算的 4 月表层环流(a)与中越联合调查的表层盐度(b)对比

图 4-23 是 8 月多年平均的表层海流与中越联合调查表层盐度对比,可以看出,和 3 月类似,红河径流沿着海岸向东北方向扩散,到广西的白龙尾南面呈反气旋式折转向西南,形成一个范围比 4 月大的反气旋涡。来自湾口的南海水顶托作用消失,于是径流沿着海岸向西南方运动,形成等盐线极为密集的分布。

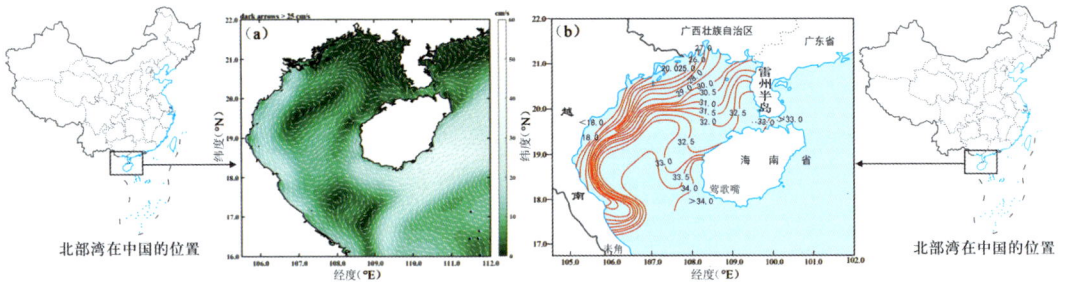

图 4-23　数值计算的 8 月表层环流(a)与中越联合调查的表层盐度(b)对比

但是,北部湾东部的南向盐舌,不可认为是红河径流扩散的结果。从数值计算结果可以看出,它是由来自湾口的南海水的东侧反气旋涡造成的。

8 月是红河径流量最多季节,那么它东西向扩散有多远? 从图 4-24 中可以看出,8 月表层水体可以扩散到 108°30′E,但是底层水体只到 107°45′E,比表层水体少 80 km 左右。

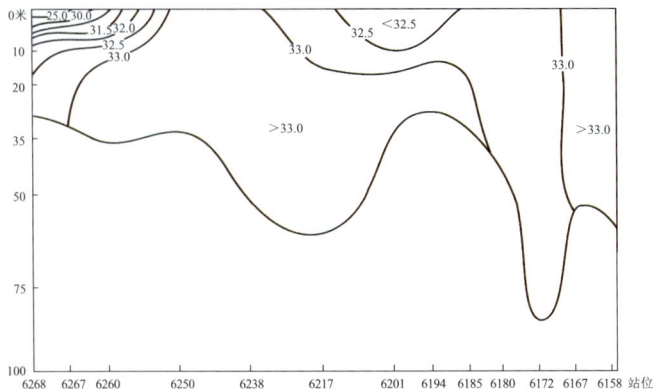

图 4-24　中越联合调查 8 月横向 6158～6268 断面盐度

4.6　广西附近海域底质与环流

4.6.1　北部湾北部浅海沉积物的基本特征

将北部湾北部沉积物分为 10 种类型 [1]，从粒度类型分布图（图 4-25）可以看出如下特征。

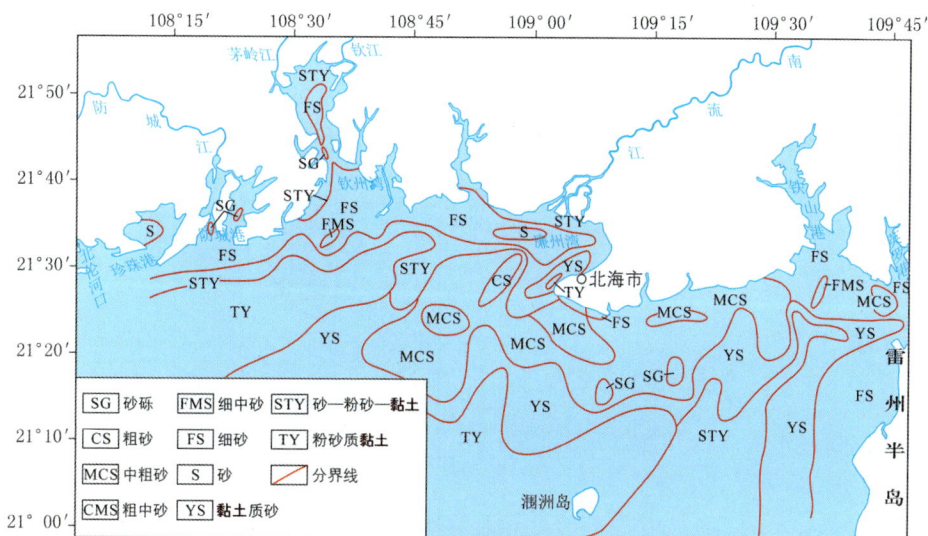

图 4-25　北部湾北部浅海沉积物粒度类型图 [1]

（1）中粗砂（MCS），主要分布在北海港西南 5～20 m 水深。

① 呈长方形分布。

② 在长方形分布中，再以条带状自西往东略平行海岸分布，到铁山港西缘结束。此为广西沿海连续分布的、面积最广的沉积类型。

（2）粗中砂（CMS），也主要集中在中粗砂范围之内，在北海港冠头岭附近分布最广。

（3）细砂（FS），主要分布在防城港至廉州湾的近岸水域，其中包含小范围的细中砂（FMS）。

（4）砂（S），仅见于大风江口东侧、安铺港口和珍珠港内以西的近岸处。

（5）黏土质砂（YS），西从钦州湾口外 15～20 m 等深线处，蜿蜒向东，成不规则条带状分布。到铁山港处，转而向南，大致与雷州半岛平行。

（6）砂-粉砂-黏土（STY），主要为两个舌状分布：

① 从北仑河口指向大风江口的西南—东北向分布；

② 从涠洲岛东侧指向铁山港的舌状分布。

（7）粉砂质黏土（TY），是本区分布面积较广且最细的一种沉积物类型，主要为两个舌状分布：

① 从北仑河口指向大风江口的西南—东北向分布;

② 从涠洲岛东西两侧分别指向铁山港和廉州湾的舌状分布。

4.6.2　北部湾北部浅海沉积物的分布与水动力关联

（1）粉砂质黏土（TY）。

① 粉砂质黏土（TY）主要呈从北仑河口指向大风江口的西南—东北向的带状分布。

就多年平均而言，冬半年（1、2、3、10、11、12 月），北仑河口—大风江口一带水域由气旋式环流控制，水体输运自东而西;夏半年（4、5、6、7、8 月）主要由来自越南近岸红河的径流北上形成的反气旋涡控制，水体输运自西而东（图 4-26）。

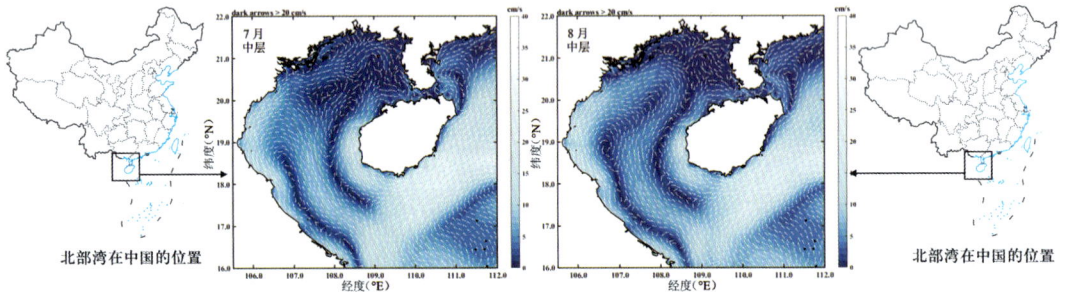

图 4-26　多年 7、8 月中层平均环流

夏半年，是入海径流最多的季节，其中携带大量细粒径泥沙。它们沿途不断沉降，是造成粉砂质黏土（TY）带状分布的基本原因。

不仅如此，泥沙粒径略大于粉砂质黏土的砂-粉砂-黏土（STY），也在粉砂质黏土（TY）上缘，呈从北仑河口指向大风江口的西南—东北向分布，然后从大风江口转向西南，构成一个环形运动。从图 4-26 中可以看出，这 180° 的反转，是受西面反气旋涡与东面气旋涡之间南向海流的驱动。

② 粉砂质黏土（TY）主要呈从涠洲岛东西两侧分别指向铁山港和廉州湾的舌状分布。

它不是由上述的河流悬移质形成，而是由底流推动引起的（图 4-27）。

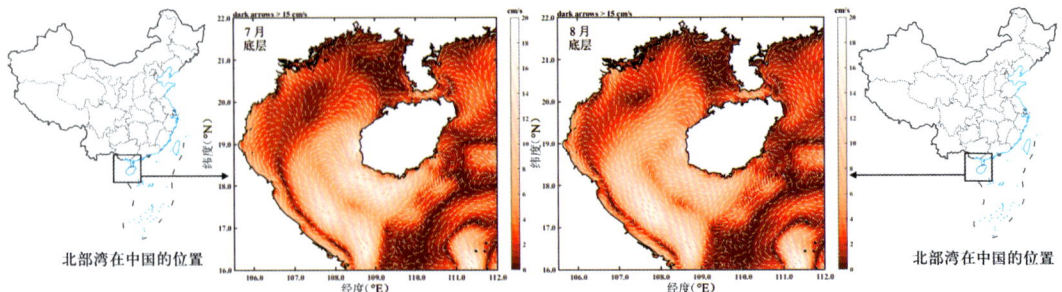

图 4-27　多年 7、8 月底层平均环流

从图 4-27 中可以看出,外海深槽水向北运动过程中,在涠洲岛东西两边向北运动。在运动过程中,必然携带一部分底层泥沙一起运动。深槽中泥沙颗粒较细,因此会形成粉砂质黏土(TY)、砂-粉砂-黏土(STY)向近岸扩散的态势。此外,可以明显看出:粉砂质黏土(TY)可以越过涠洲岛从 20 m 水域进入 10 m 水域;砂-粉砂-黏土(STY)则直接从 20 m 水域西北向延伸,直达铁山港外面水深 5 m 的区域。

（2）粗颗粒物质。

粗颗粒物质:粗砂(CS)、中粗砂(MCS)、粗中砂(CMS)主要分布在铁山港西缘至廉州湾西南方的东西长 100 km、南北宽 30～40 km 的范围内。我们认为它与夏半年存在的气旋涡有关(图 4-28)。

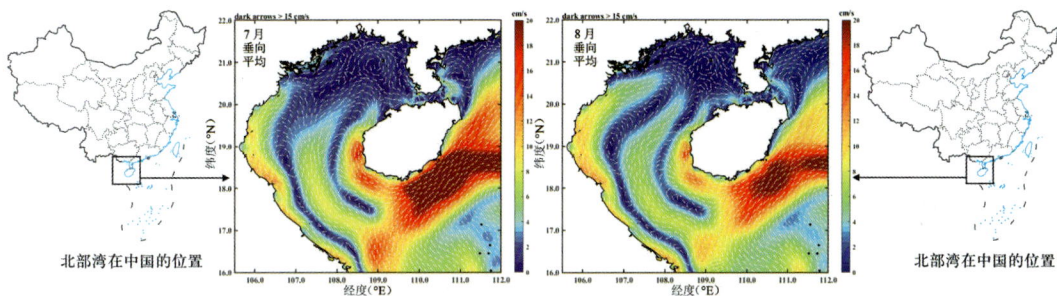

图 4-28　多年 7、8 月垂向平均环流

从图 4-28 中可以看出,粗颗粒的分布范围是气旋涡的上部,靠近海岸,水深浅(小于 10 m),除去海岸侵蚀之外,它没有显著的泥沙来源。流速较强、自东向西的水体不断冲刷海底,海底细小泥沙被带走,然后在气旋涡的南缘、水深较深(40 m 以深)、流速较小的海域沉降,而大颗粒物质不易搬动,只能留下。如此一来,气旋涡上缘的海底底质自然会粗化。

4.7　广西附近海域浮游动物分布特征与环流

4.7.1　实测结果

生物群落结构和多样性的变化反映生态系统的波动。在河口和近岸水域,环境参数和人类活动因素直接和间接影响浮游动物群落的分布和时空变化。陆源径流携带丰富营养物质,引起近岸水体营养盐浓度的变化,从而影响浮游动物物种多样性和优势演替。在河口水域,盐度变化决定浮游动物群落栖息地的异质性和种群丰富度。

浮游动物生物量(Biomass)是指单位水体内浮游动物机体所含物质的多少,是海洋生态系统研究中不可缺少的组成部分。由于研究者们对于物质有着不同的理解,故使用的生物量测定方法、度量单位也各不相同。其中,重量法是常用方法之一,该类方法是对浮游动物个体进行不同处理后称重来确定生物量,所用的单位为 mg/m^3、g/m^3 等。

　　生物个体丰度(数量)是有别于生物量的另一个重要的定量指标。若单纯利用生物丰度来衡量生物量,则具有一定的不合理性。这是因为,海洋浮游动物的个体大小相差悬殊,有小于 2 mm 的原生动物,也有直径达几米的超大型浮游动物(如某些水母)。再者,即使是同一物种,若处于不同的生活阶段时,个体的大小也具有相当大的差异,因此,生物丰度并不能从根本上反映物质的多少。文献中在应用生物丰度这一概念时,往往都与生物量区别开来。

　　影响丰度变化的主要环境因子有水深、溶氧量、水温、盐度、叶绿素 a 浓度。浮游动物丰度与环境因子的等级相关结果表明,北部湾北部浮游动物丰度变化受环境因子的影响显著。其中,水深、水温和叶绿素 a 浓度是重要的影响因子。

　　郑白雯等[2]选择夏季研究生物量和丰度,是因为夏季近表层生物大量繁殖,需要消耗大量营养盐,来自外海的深层水会给予近岸生物必要的营养盐补充,增加浮游生物的生物量和丰度。

　　图 4-29 中是郑白雯等[2]在广西近海采集并研究的浮游动物的生物量和丰度分布,从中可以看出如下特征。

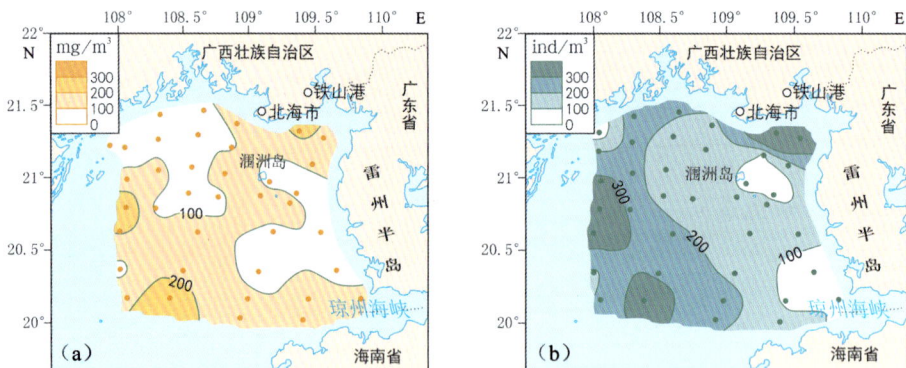

图 4-29　夏季浮游动物生物量(a)和丰度(b)分布[2]

　　(1)生物量分布的条带状特征。

　　生物量 100 mg/m³ 等值线,从水深接近 60 m 的海槽向西北方向延伸,在涠洲岛(21°02′40″N、109°06′40″E)附近,受涠洲岛影响第一次变宽。到达岸边,第二次变宽。在水深接近 60 m 处,生物量最高,达到 200 mg/m³,在铁山港西缘生物量再次达到 200 mg/m³。

　　(2)丰度分布的环状特征。

　　丰度分布与生物量分布有显著不同:生物量分布是条带状,而丰度是以涠洲岛为中心的环形分布。生物量的三个高值区(200 mg/m³)与丰度高值区(300 ind/m³)是重合的,但是到了涠洲岛附近却改变甚大。

4.7.2　数值计算结果

（1）生物量分布的条带状特征与深槽及表层水输运有关。

由图 4-29 可以看出，来自湾口的南海水向北可以直到涠洲岛附近，受岛屿地形影响，流域宽度变宽。来自外海的表层水和来自洋浦西面深槽水的上升，都会给予近岸生物必要的营养盐补充，增加浮游生物的生物量。

（2）丰度分布的环状特征。

丰度分布高值带是将生物量三个高值区连在一起而产生的，生物量分布是条带状，而丰度是以涠洲岛为中心的环形分布，这与垂向平均环流的气旋涡密不可分（图 4-28），生物量的三个高值区（200 mg/m³）与丰度高值区（300 ind/m³）是重合的。

参考文献

[1] 莫永杰. 北部湾北部浅海沉积物的粒度类型 [J]. 热带海洋，1990，1：87-93.

[2] 郑白雯，曹文清，林元烧，等. 北部湾北部生态系统结构与功能研究Ⅱ. 浮游动物数量分布及优势种 [J]. 海洋学报（中文版），2014，36（4）：82-90.

第5章

海南岛西岸近海水体输运

5.1 海南岛西岸(洋浦—莺歌嘴)的海流

从表层来看,冬半年(1、2、3、10、11、12月)海南岛西部是气旋环流占优势,近岸区域是北向流;夏半年(4、5、6、7、8、9月),受反气旋涡影响,近岸区域多为南向流;中层和底层与表层海流类似。

5.1.1 春季

(1)不同层次平均环流。

① 春季4月,海南岛西部表层100 km以内海域,以昌江口为界,北为气旋、南为反气旋式流动(图5-1)。

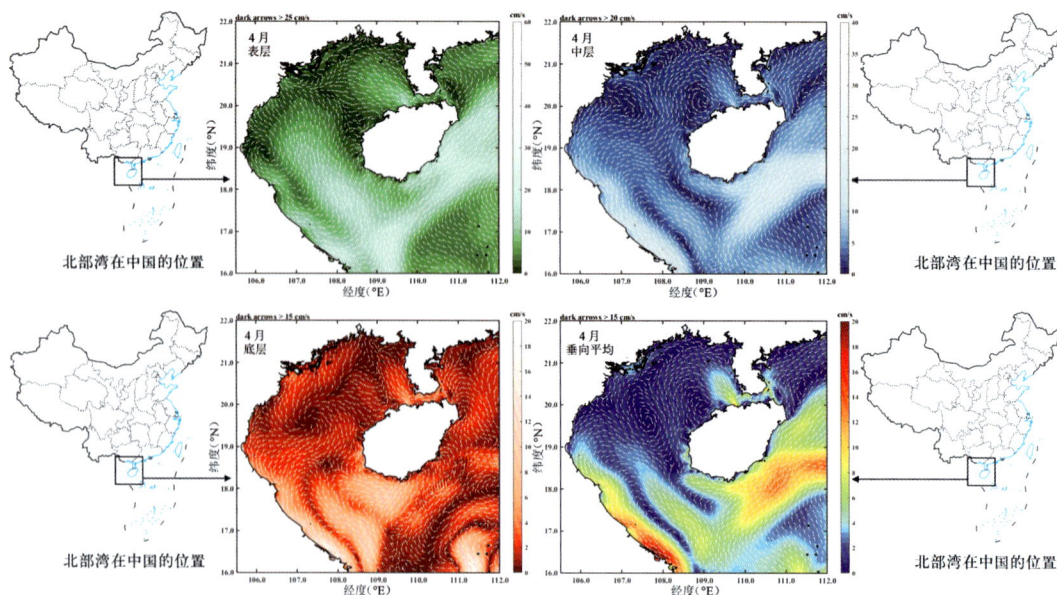

图5-1 北部湾4月表、中、底层及垂向平均环流

② 洋浦西北部中层出现气旋涡,空间尺度约100 km。南到海南岛昌江入海口,北到涸洲岛南缘,流为北向流。从昌江河口向南到莺歌嘴,则为南向流所代替。

③ 底层:洋浦西部的气旋涡消失,昌江口以北为气旋式流动;昌江口以南变成反气旋式流动。近岸部分,以昌江口为界,北为北向流,南为南向流。

（2）洋浦附近海流验证。

本文使用中国海洋大学 2006 年 4 月由锚定的自记海流计观测的海流资料。锚定点坐标为 19°46′44.9″N, 109°08′57.1″E,水深 12 m,距离岸边约 1.5 km,其观测结果可以代表洋浦近岸水域潮余流情况。

由图 5-2 可以看出,滤去潮波之后的海流流速在 10 cm/s 左右,平均方向在 45° 附近,除去表层之外,与图 5-1 中计算结果非常接近。

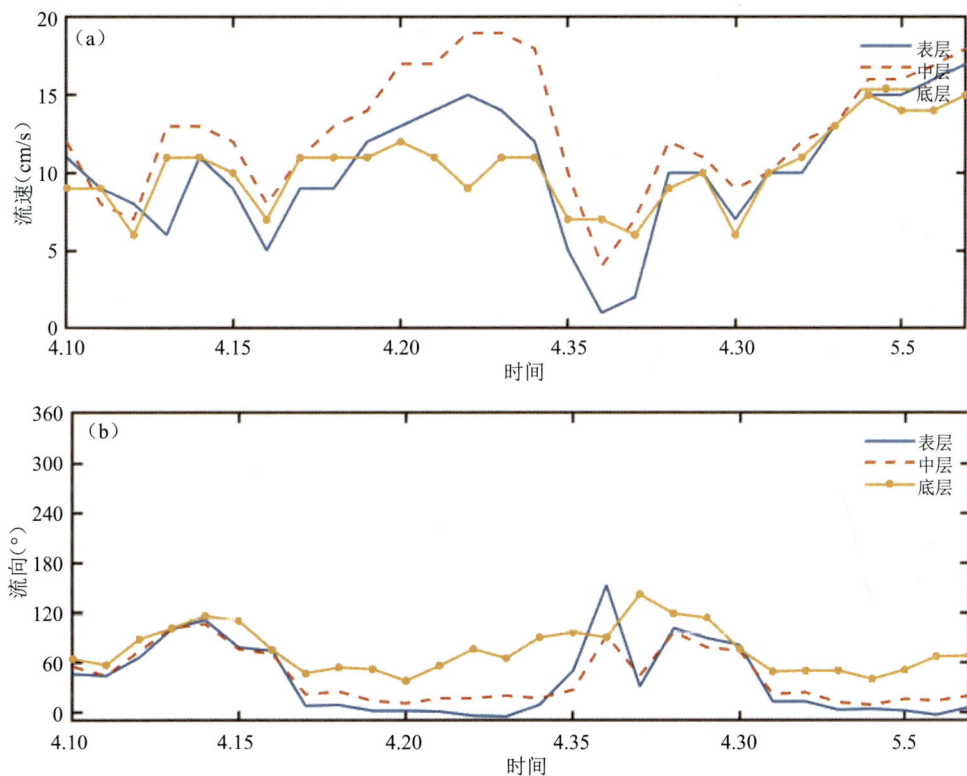

图 5-2　2006 年春季（4 月）洋浦海流流速（a）与流向（b）

5.1.2　夏季

（1）不同层次平均环流。

① 夏季 7 月,海南岛西部近岸 100 km 以内,表层出现多个涡旋（图 5-3）:洋浦西面为气旋涡,昌江北面为反气旋涡,海南岛西南部为反气旋涡。

② 洋浦西部中层出现反气旋式流动,东西宽度约 150 km,北到涠洲岛南缘,南到海南岛莺歌嘴。海南岛西部皆为南向流。

③ 底层环流与中层类似,但是,反气旋涡范围扩大。海南岛西部皆为南向流。

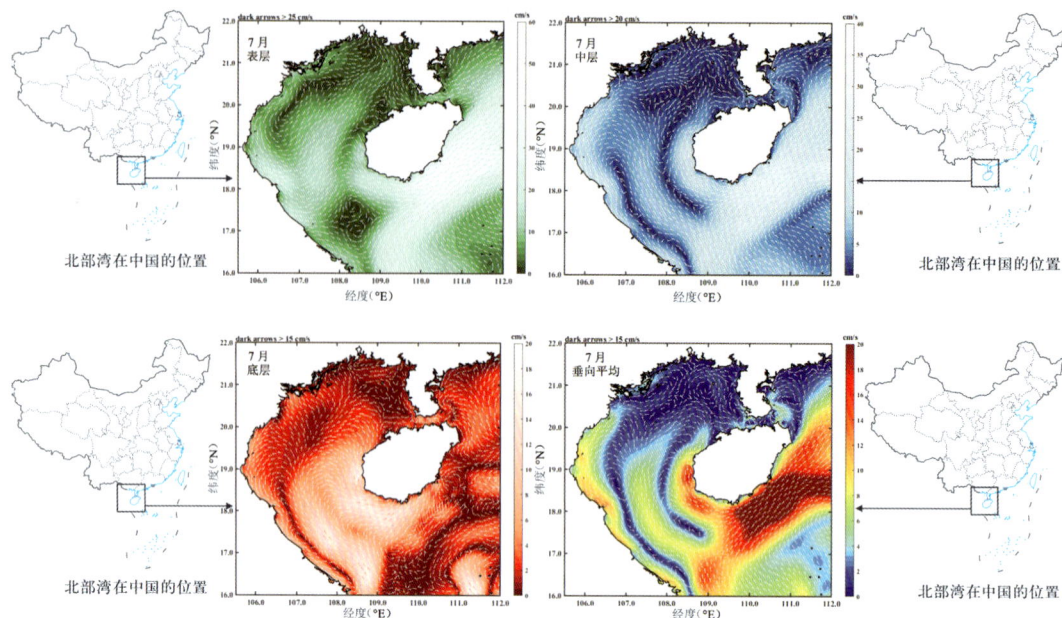

图 5-3　北部湾 7 月表、中、底层及垂向平均环流

（2）观测资料验证。

① 采用交通运输部天津水运工程科学研究所关于海南昌江 2008 年夏季多点海流观测资料（内部资料）来验证。图 5-4 为垂向（6 层）平均海流，可以看出：在 12 个观测站位中，离岸的站位（1、2、5、9 站）海流流速大都小于 5 cm/s，流向指向西南方向，与计算结果比较一致。但是，靠近岸边的站位，实测的海流方向则以东北居多。这表明近岸 5 km 以内的海域有一股与外面反向的沿岸流，可能与地形和昌江径流有关。

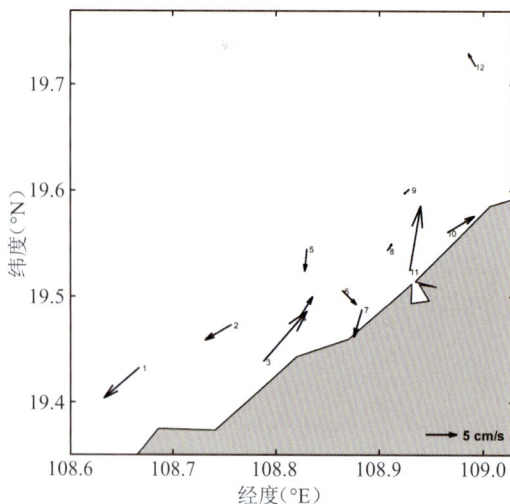

图 5-4　2008 年 7 月昌江口实测的全层平均海流

② 遥感结果。

图 5-5 是 2002 年 7 月海南岛区域海表面温度，可以看出，在海南岛西部，南从莺歌

海起,北至洋浦西侧,长达 200 km 的范围都是低温区,比非低温区要低 3 ℃～4 ℃。这片低温水的存在是由潮汐混合锋触发的上升流引起的[1]。

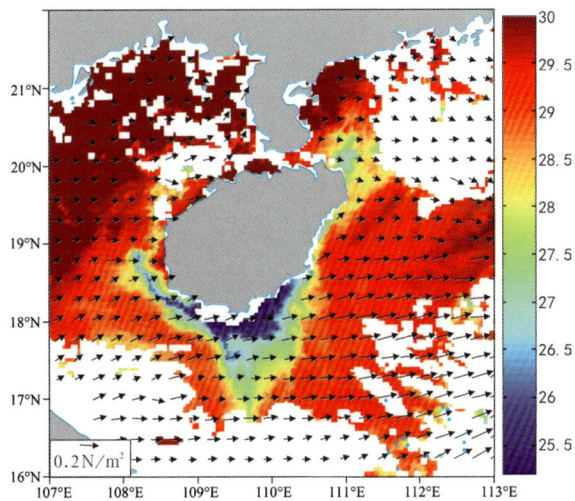

图 5-5　2002 年 7 月 10 日海南岛区域海表面温度(℃)

5.1.3　秋季

(1)秋季 10 月,北部湾形成单一的气旋式环流,海南岛西部表层大范围出现北向流(图 5-6)。

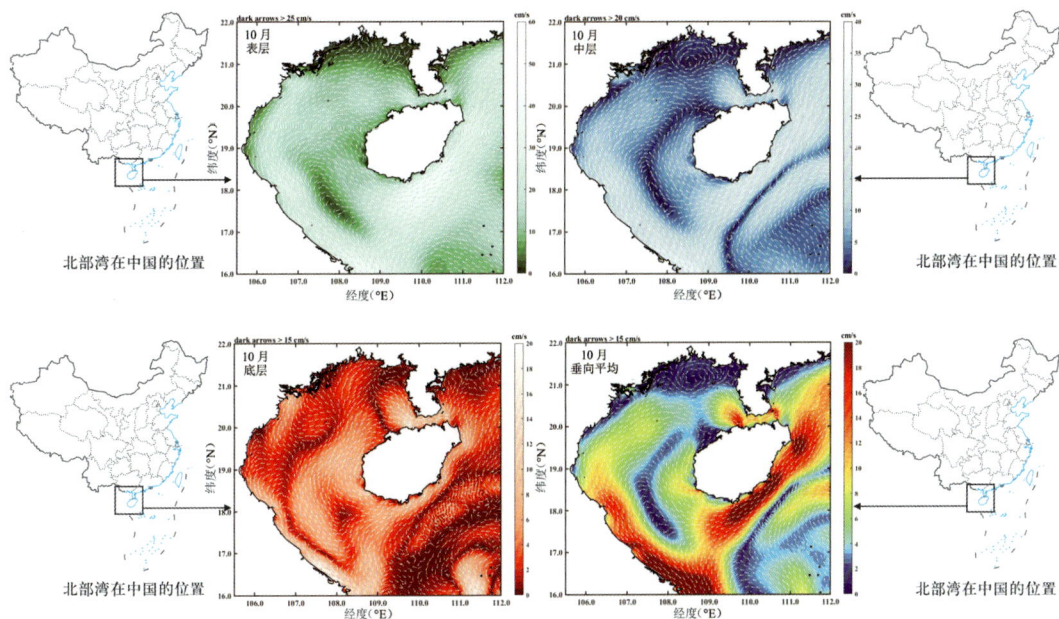

图 5-6　北部湾 10 月表、中、底层及垂向平均环流

(2)中层气旋环流更加明显:以北部湾深槽作为分界,深槽东面的近海南岛一侧是

北向流,深槽西面是南向流。

(3)底层:海南岛西部出现大范围北向流,北部可以直达广西海岸。

5.1.4 冬季

(1)冬季环流与秋季类似,海南岛西部表、中、底层大范围出现北向流(图5-7),构成北部湾单一的气旋式环流的东翼。

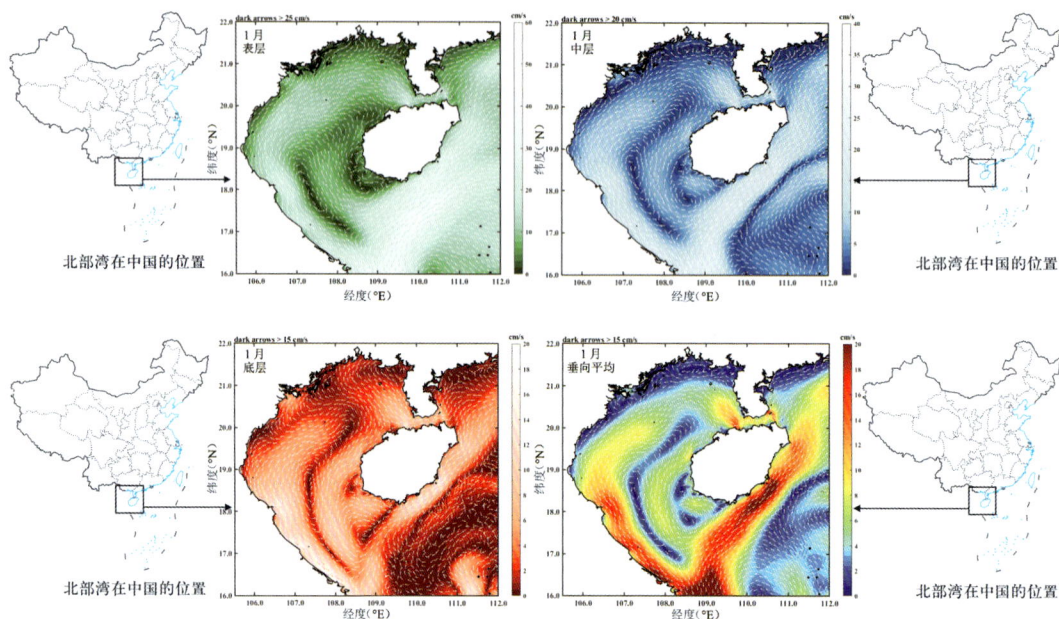

图 5-7 北部湾 1 月表、中、底层及垂向平均环流

(2)莺歌海西南部出现反气涡旋,是由湾口南海水进入北部湾的主干流的东北边缘分离出来的。

5.2 洋浦近海海流的易变性

5.2.1 冬季

冬季,来自琼州海峡的南海水与来自湾口的南海水在洋浦西北部近海交汇,并形成北部湾典型的气旋涡。如果来自湾口的南海水势力强于琼州海峡南来水,那么洋浦近岸就被西北向海流控制;如果琼州海峡南来水势力强于南向来水,那么这个气旋涡就被推离海岸,由琼州海峡南来水占据近岸位置。图 5-7 显示的是从湾口来的南海水控制了洋浦的近岸,图 5-8 显示的则是琼州海峡南来水控制了洋浦近岸。

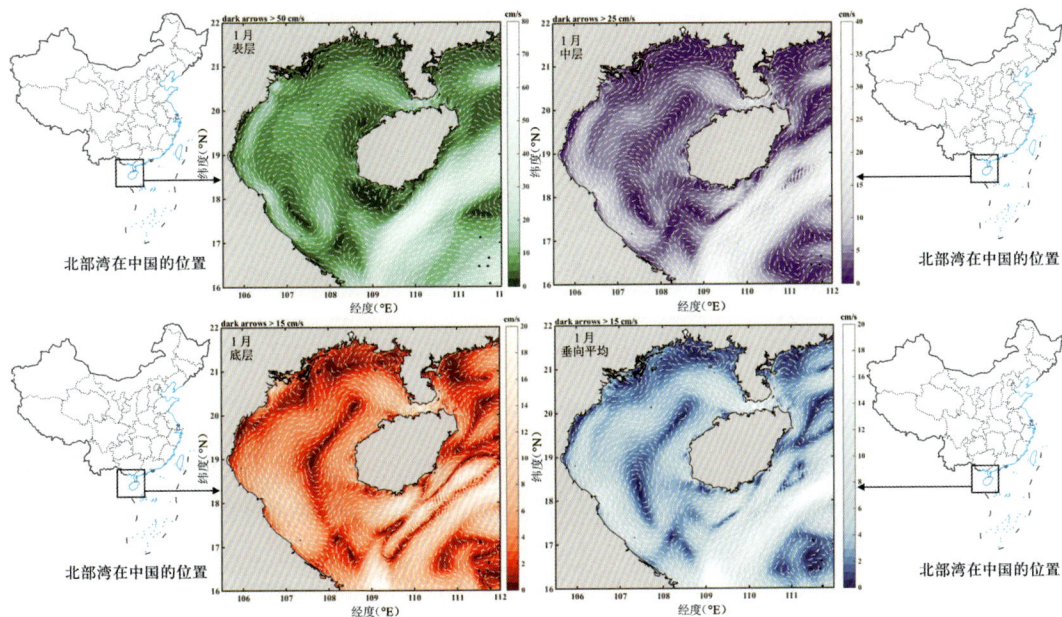

图 5-8　2006 年北部湾 1 月表、中、底层及垂向平均环流

　　琼州海峡水流向洋浦近岸,海流方向自然是南和西南向。但是,这里是锋面区,它不是稳定的,处于此消彼长的状态。图 5-9 中流速、流向资料是由中国海洋大学于 2006 年 1 月用锚定的自记海流计在洋浦观测而得,从中可以看出如下一些特征。

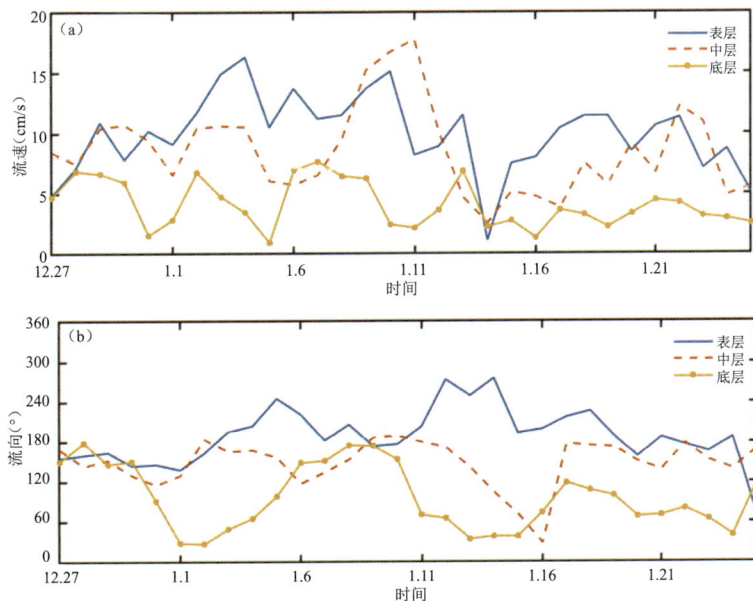

图 5-9　2006 年冬季(1 月)洋浦海流流速(a)与流向(b)

　　(1)由于这里是锋面,流向、流速极不稳定。底层更是如此。

　　(2)表、中层流速超过 10 cm/s 的较强时段,其流向大多在 180° 附近,超过或小于这个角度的流速就变低,特别是中层最为明显。

5.2.2　夏季

图 5-3 显示多年平均环流中洋浦近海是北部湾反气旋环流的东缘,海流指向南偏西。但是 2006 年,洋浦近海海流指向北偏东(图 5-10)。原来在洋浦西北方向,出现尺度约 50 km 的气旋涡,导致海流方向反转。

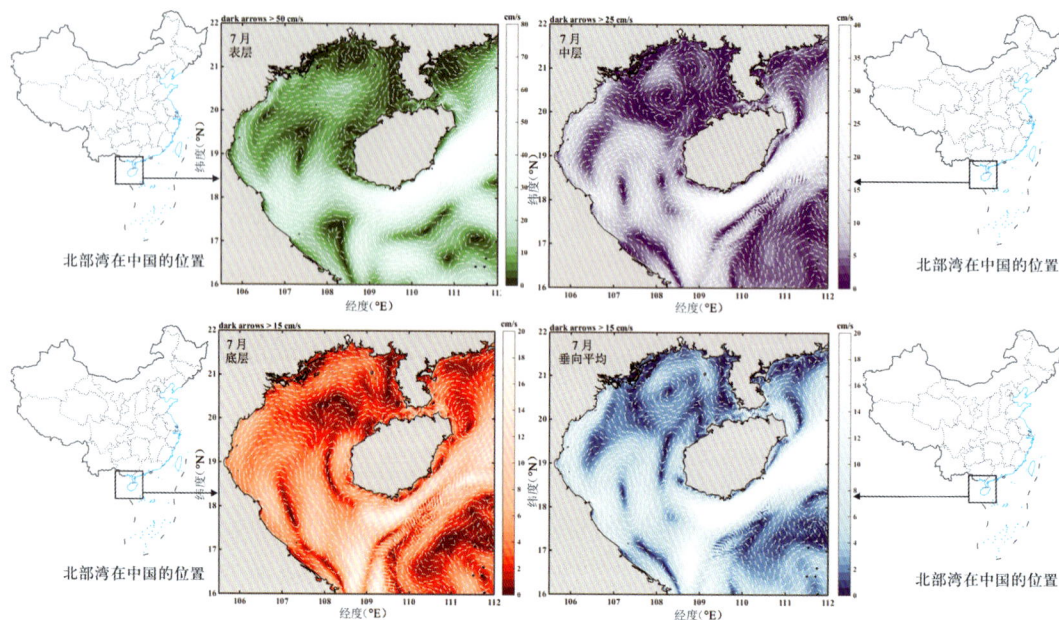

图 5-10　2006 年北部湾 7 月表、中、底层及垂向平均环流

为了证明这个气旋涡的存在,我们同样使用由中国海洋大学于 2006 年 7 月用锚定的自记海流计在洋浦观测而得的结果,从图 5-11 中可以看出如下一些特征。

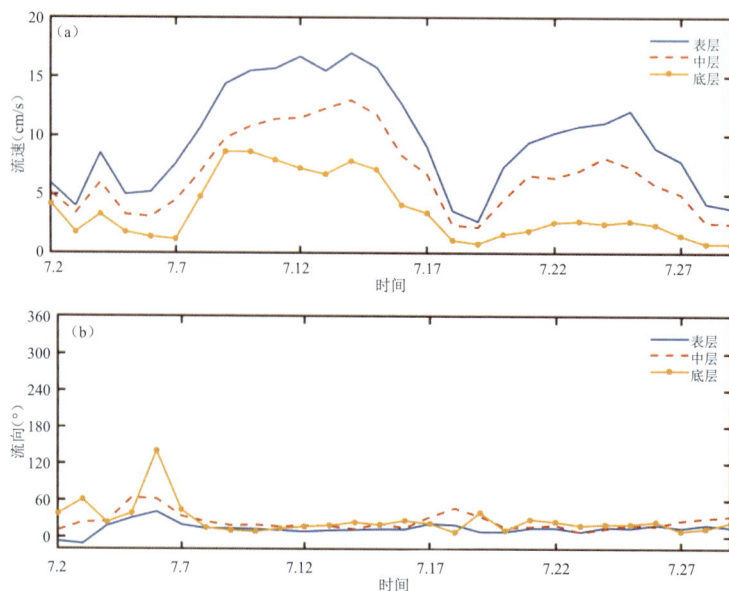

图 5-11　2006 年夏季(7 月)洋浦海流流速(a)与流向(b)

（1）表层海流流速最强，最大接近 17 cm/s；底层流速最弱，最大流速 8 cm/s。

（2）海流方向稳定在 20°，与图 5-10 中计算结果一致。

5.2.3　秋季

（1）不同层次平均环流。

图 5-6 显示多年平均环流中洋浦近海受琼州海峡来水影响，海流指向南偏西。但是 2006 年 10 月，来自湾口的南海水势力超过琼州海峡来水，使得洋浦近海海流指向北偏东（图 5-12）。

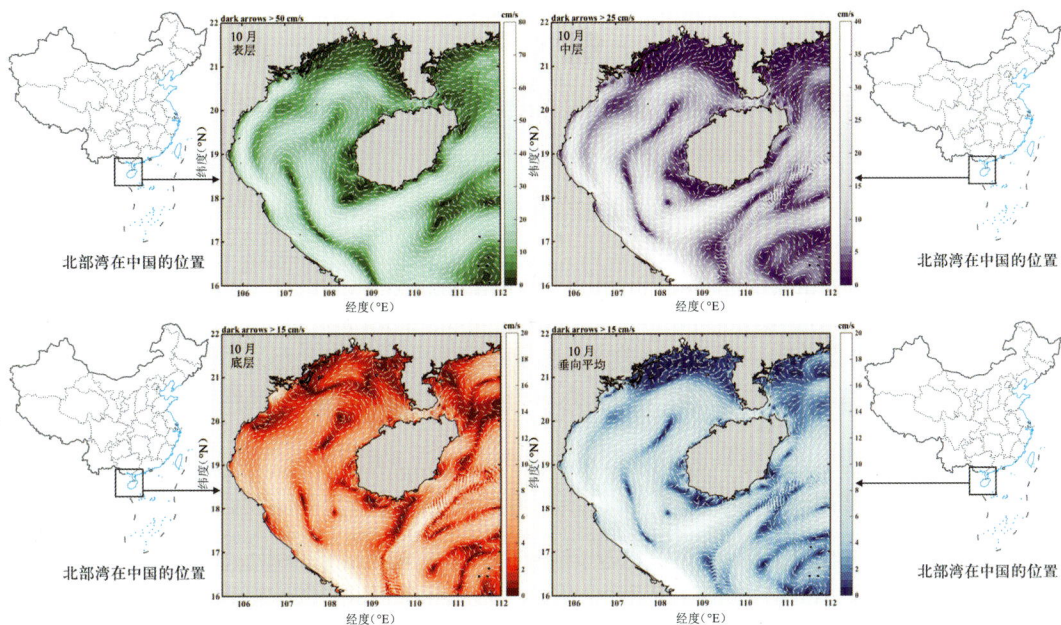

图 5-12　2006 年北部湾 10 月表、中、底层及垂向平均环流

（2）观测资料验证。

同春季一样，也使用由中国海洋大学于 2006 年 10 月用锚定的自记海流计观测的洋浦近海海流资料来验证。由图 5-13 可以看出，全层平均流速约 8 cm/s，表、中层流向基本在北或北偏西方向，底层则指向东北方向，与数值计算结果比较吻合。

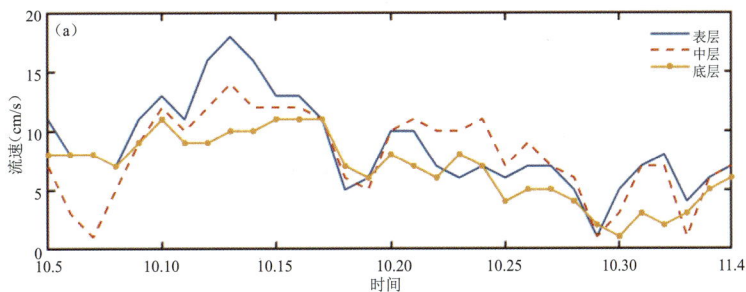

图 5-13（1）　2006 年秋季（10 月）洋浦海流流速（a）与流向（b）

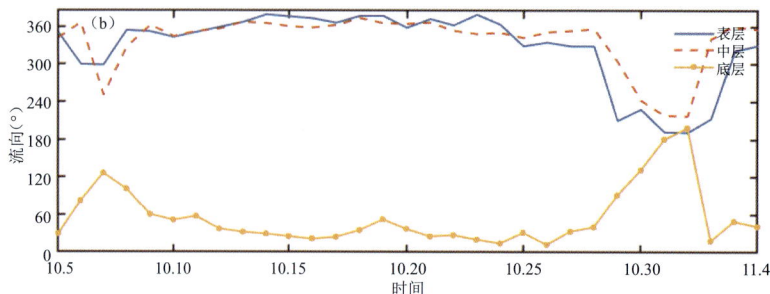

图 5-13（2） 2006 年秋季（10 月）洋浦海流流速（a）与流向（b）

5.3 东方—莺歌嘴的升降流

5.3.1 升降流的形成

（1）离岸与向岸的 Ekman 输运可以导致上升流与下降流。

海南岛西侧沿岸的南向风引起的 Ekman 输运是指向运动方向的右面,即离岸输送。那么,岸边流走的水体要由底层流来的水加以补充,上升流因而形成。反之,北向风引起的 Ekman 输运是指向海岸,海水在海岸附近堆积下沉,就会形成下降流。从图 3-1 北部湾月平均风场可看出,4～8 月的东方—莺歌嘴近岸水域是以南风为主的,应该说这 5 个月存在 Ekman 输运引起的下降流。其余月份,则是以北风为主的,应该说这些月份存在 Ekman 输运引起的上升流。

（2）沿岸的气旋涡与反气旋涡存在也会导致上升流与下降流的发生。

气旋式环流中心海水受到强烈抽吸作用:表层海水流走,次表层海水上升。这就是 Ekman 泵吸作用。反之,反气旋式环流中心海水辐聚下沉,就形成下降流。从图 3-3（表层环流）、图 3-4（中层环流）和图 3-5（底层环流）中可看出,1、3、4 月,在东方—莺歌嘴区域的西方存在尺度约 40 km 的气旋涡,气旋涡的中心是辐散的,从而导致上升流的出现。由于气旋涡的中心离海岸约 20 km,因此,上升流最强处也在海岸之西 20 km 处。

（3）岬角地形引起的上升流。

据 Hsueh 和 O'Brien[2] 的"海流上升流"机制,在完整的潮周期内,由于潮流流向的周期性变化,由底边界层效应引发的上升流和下沉流恰好抵消。但是,潮流绕岬角近似呈圆周运动,由此产生的离心力总是离岸的,该离心力必须由一个"额外的"压力梯度力与之平衡。在惯性参考系下,正是这个额外的压力梯度力提供了潮流转弯运动的向心力。显然,无论潮流方向如何,这个压力梯度总是向岸的,由此引起海水爬升。用 U 和 R 分别表示流速和曲率半径,则离心力 U^2/R 与科氏力 fU 二者之比为 $U=U/fR$,在典型尺度上为 10^{-2}（设 U 为 10^{-1} m/s,f 为 10^{-4} s^{-1},R 为 10^5 m）,离心力导致的上升流很弱。但是由于它与潮流方向无关,其效应是持续存在的,所以可引发持续的上升流。

再如,用海流计测得的英国多塞特南岸波兰特角附近水域中潮致欧拉余流（在一个半日潮周期内平均海流),就是由潮流与地形相互作用所致。图 5-14a 为实测资料,图 5-14b 为数值模拟结果,图 5-14c 为海平面降低计算结果(由于此岬角附近海流流线是弯曲的,海角附近平均海平面会局部下降)。海平面降低,自然引发周围海水上升以补充,从而形成上升流。

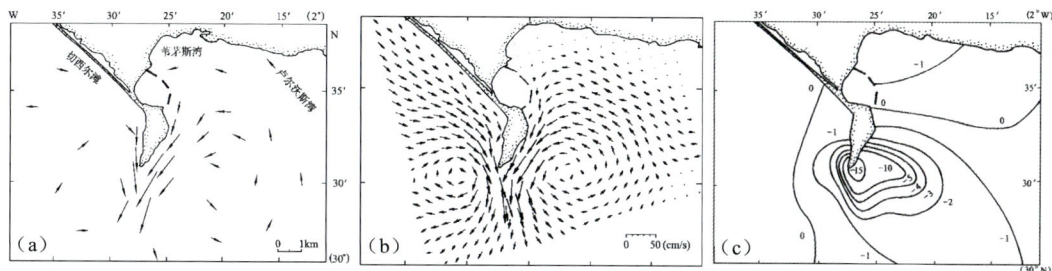

图 5-14　波特兰角潮致欧拉余环流[3]

(4)潮混合引起的上升流。

潮混合对上升流的影响可通过密度驱动的次级环流解释[1]。近岸浅水区域,潮混合强度使整个水柱垂向均匀;而在离岸深水区,潮混合将地层水混合均匀,但其强度不足以达到表层,再加上太阳辐射不足以穿透水柱,使得水深较深的区域在垂向上存在明显的跃层结构。这两种不同垂向结构的水体之间形成了较强的跨锋面密度差,进而形成了跨锋面的次级环流。海南岛西岸夏季的上升流即为该环流的一部分。

5.3.2　升降流的实测资料验证

为了证明北部湾上升流的客观存在,我们将 4 月、10 月的多年底层平均环流图(图 5-15)再次引用。

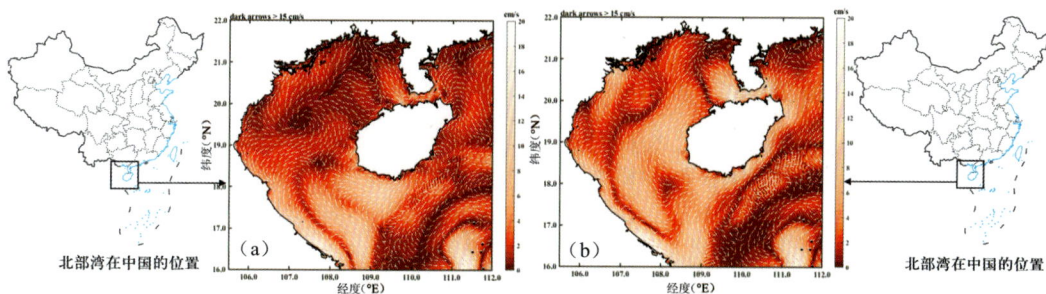

图 5-15　4 月(a)和 10 月(b)多年底层平均环流

(1)春季。

4 月,海南岛西部昌化江入海口南北方向海流的流向是不同的:入海口北部是为东、东北向流,而入海口南部存在一反气旋环流,海流以东向为主,部分为南向流(图 5-15)。

昌化江入海口南部的东向流受地形影响,爬坡形成上升流,部分南向流会产生向岸的底 Ekman 输运,综合导致了上升流的发生。为验证该上升流的存在,引用昌化江入海口南侧的断面 J47 ~ J51(图 5-16)的观测结果来验证。图 5-17 是断面 J47 ~ J51 的温度、盐度和密度分布,观测结果证实这一上升流的存在。

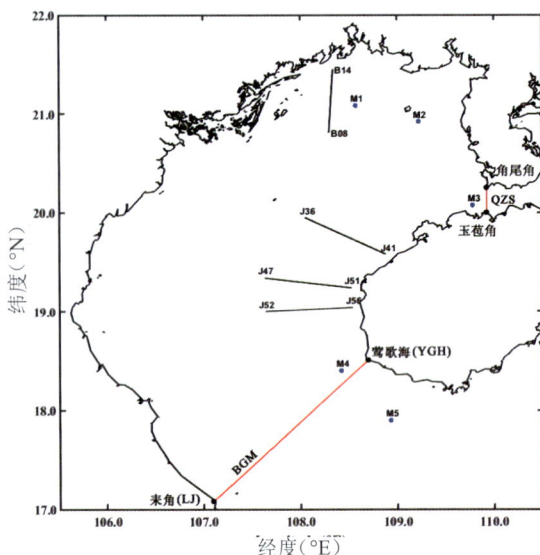

图 5-16 "908"专项部分断面和测流站

① J47、J48 站之间 30 m 以深存在一低温区(< 23.5℃),该深槽冷水外缘在离岸 73 km 的 J48 站约 20 m 处上涌,同时,底层出现爬坡上升,二者的影响范围可直达海岸 5 m 层。

② 盐度等值线分布受上升流影响,盐跃层几乎完全消失。

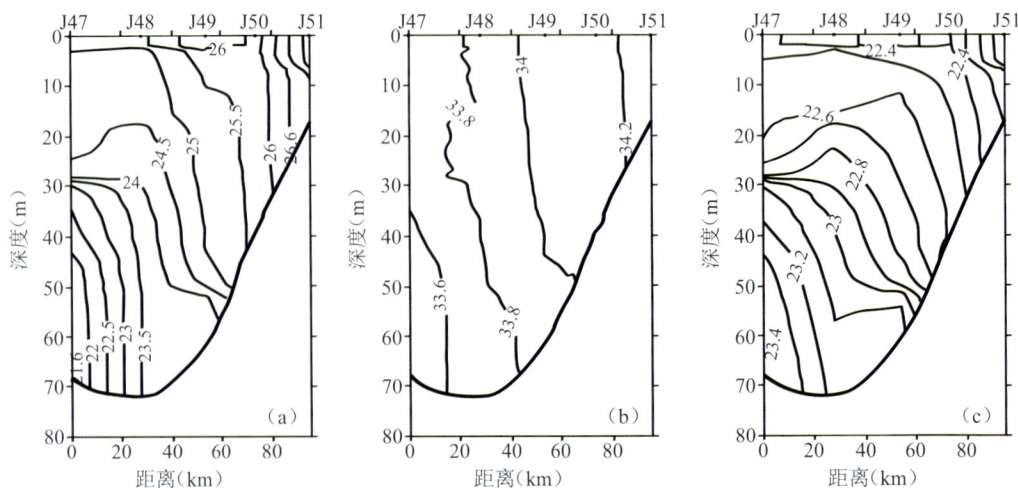

图 5-17 "908"专项 J47 ~ J51 断面春季(2007 年 4 月)的温度(a)、盐度(b)、密度(c)分布

昌化江入海口北部底层部分海流为向岸爬升的流动,必然引起近岸的上升流;大部分海流为东北向、平行于岸界的流动,这会在底层形成 Ekman 离岸输运,并在近岸处诱发补偿性的下降流。此外,该处存在一个辐散区域,会在上层引起下降流。为验证此处的垂向流动,引用昌化江入海口南侧的断面 J36 ～ J41(图 5-16)的观测结果来验证。图 5-18 为 2007 年春季 J36 ～ J41 断面的温度、盐度分布,根据盐度图所示,该断面中、上层存在双下降流结构。

① 第一个下降流中心在 J40 ～ J41 站之间,在近岸约 40 km 处,是底层 Ekman 输运的结果。

② 第二个下降流在 J36 站,位于底层环流辐散带附近,作为补偿,上层水形成下降流。

③ 在两个下降流的中心作用下,底层水被迫向岸爬升,形成上升流。

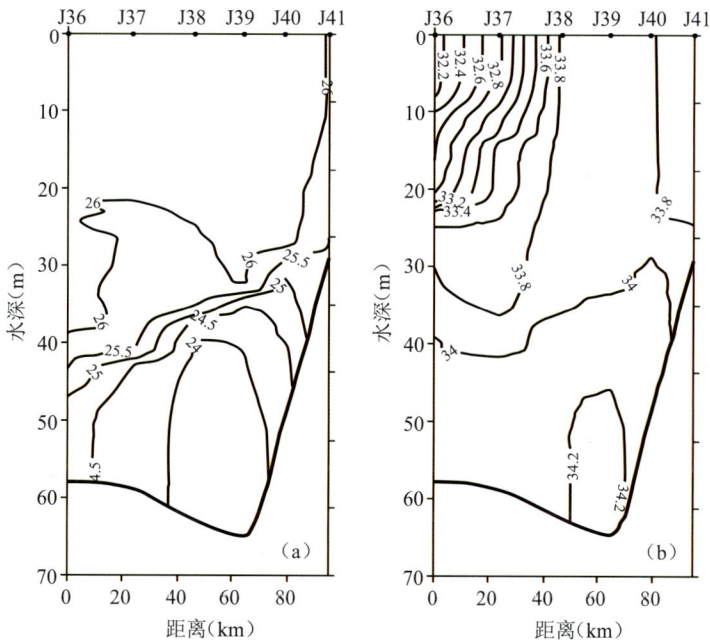

图 5-18　"908"专项 J36 ～ J41 断面年春季(2007 年 4 月)温度(a)和盐度(b)分布

(2)秋季。

10 月,海南岛西部昌化江入海口南北方向的海流流向一致,均为北、西北向流动。北向流会在底层产生离岸的 Ekman 输运,从而导致下降流的发生。为验证该下降流的存在,引用"908"专项 10 月的调查结果来验证(J47 ～ J51 断面)。

图 5-19 为 2007 年秋季 J47 ～ J51 断面的温度、盐度分布。该断面位于昌化江口南面,可以看到该处存在一显著下降流。

① J49 站是下降流的中心,将 26.5℃等温线从 20 m 拉至 43 m 深处。上层海水下沉,底层水就要上来补充,于是形成了 J48 站 40 m 处温度的上升尖峰。

② 盐度的分布与温度类似。

③ 无论是上升流还是下降流,最强中心均位于离岸 44 km 以外,而不是靠近海岸。

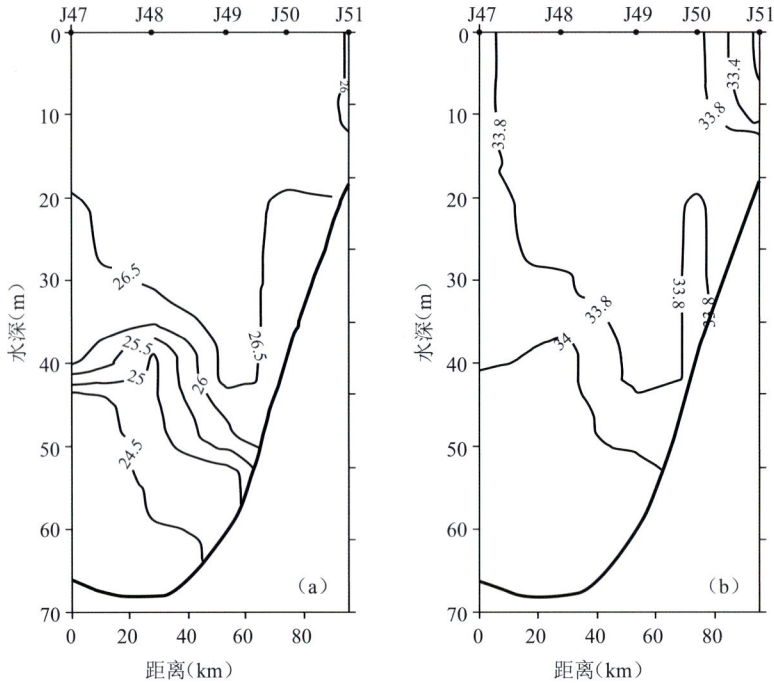

图 5-19 "908"专项 J47～J51 断面 10 月温度(a)和盐度(b)分布

5.3.3 莺歌嘴附近底质及环流特征

(1)底质特征。

莺歌嘴是向海突出的岬角地形,因此岬角附近潮流增大,海湾内部潮流速度减弱。

吕新刚[4]对北部湾的潮流与上升流进行了研究,数值模拟结果显示,海南岛西南部莺歌嘴由于地形突出,潮流速度显著增强(图 5-20)。

由于潮流速度增强,加之风浪的作用,掀沙能力相对强,使得该海域常年透明度低(图 5-21),底质粗化,基本由中砂、粗砂和砾石组成。

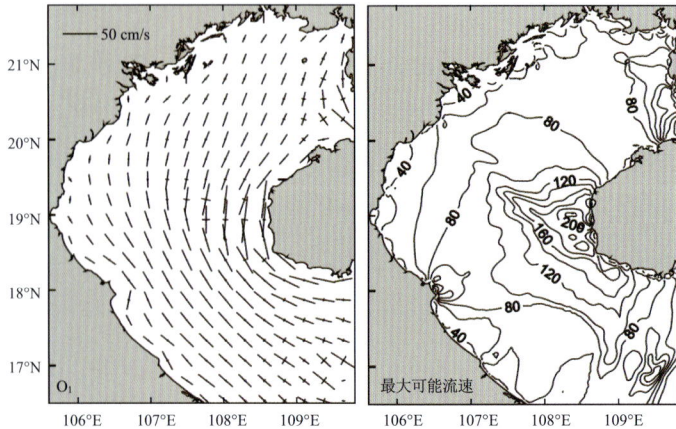

图 5-20 北部湾正压潮汐潮流模式计算结果[4]

（2）环流。

① 从图 5-14 中可知,在涨潮流方向右边的岬角,会出现气旋涡(先涨潮一边)和反气旋涡(后涨潮一边)。涨潮由湾口向湾内推进,因此,莺歌嘴北面存在反气旋涡。根据多年平均数值计算结果可知,1、2、3、4、9、10、11、12 月这 8 个月中,莺歌嘴北面总是存在一个小气旋涡,5、6、7、8 月,一个大的气旋涡掩盖了上述小气旋涡。

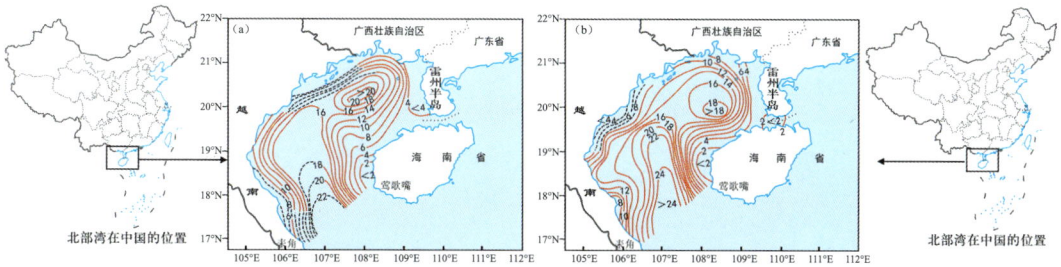

图 5-21　中越联合调查中 2 月透明度(a)与 8 月透明度(b)分布

② 环流在不同年份会有不同。

岬角涡旋是一个弱流涡旋,如果大环境中环流强于这个弱流涡旋,就会改变这个弱流涡旋结构。我们以 2007 年冬季 2 月与春季 4 月的环流对比,来说明这一观点。图 5-22 是 2007 年 2 月平均环流,它是不同于多年平均的 2 月环流,莺歌嘴北面反气旋涡消失。而图 5-23 是 2007 年 4 月平均环流,它与多年平均的 4 月环流型基本一致,莺歌嘴北面反气旋涡出现。

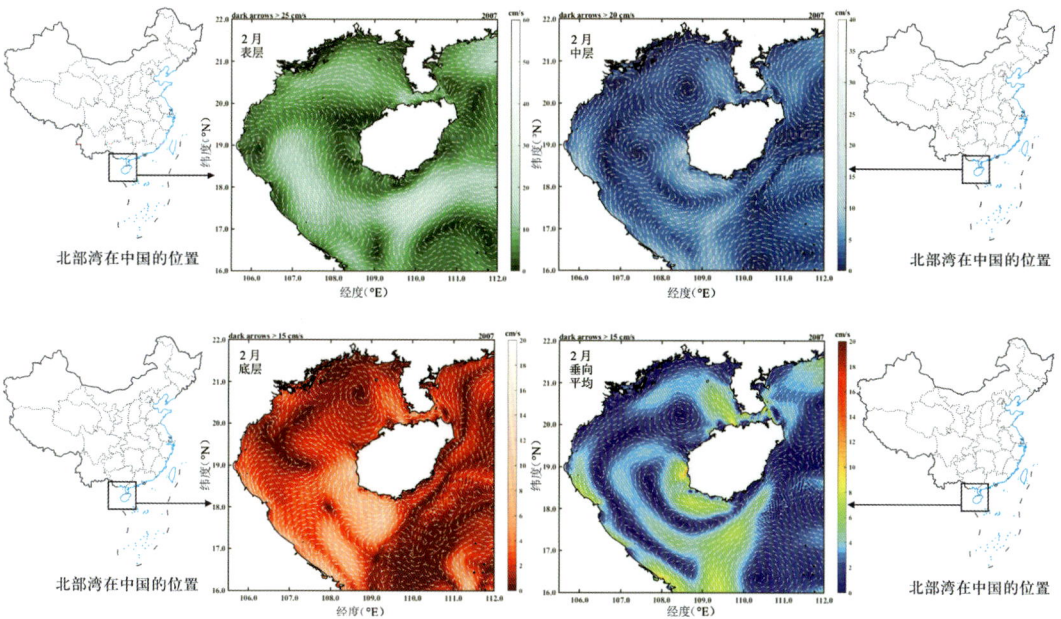

图 5-22　2007 年 2 月平均环流

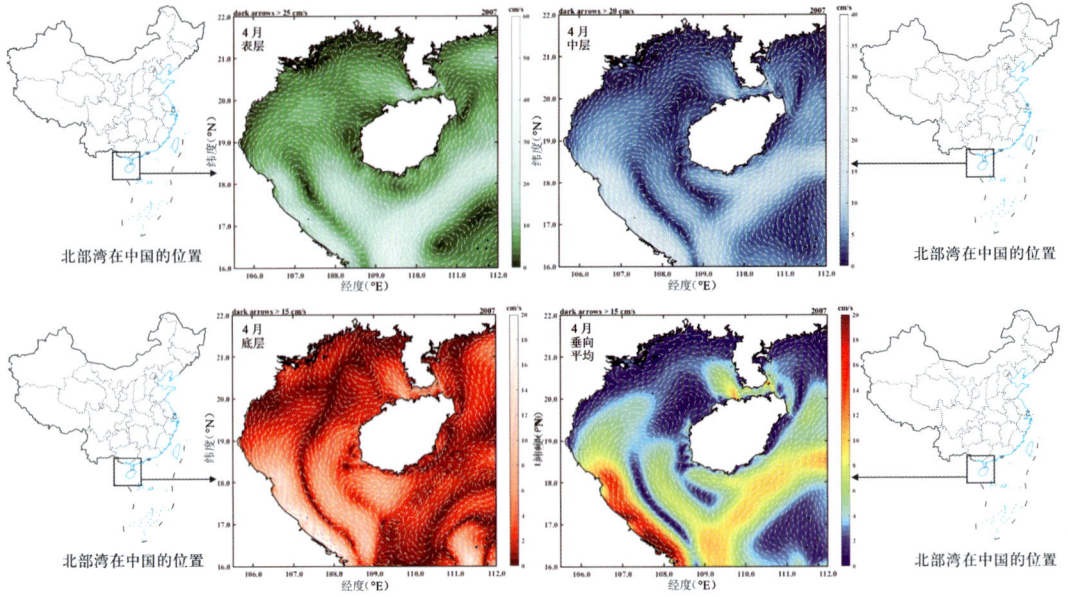

图 5-23   2007 年 4 月平均环流

反气旋涡存在与否,海流会有显著差别。图 5-24 是"908"专项调查结果。

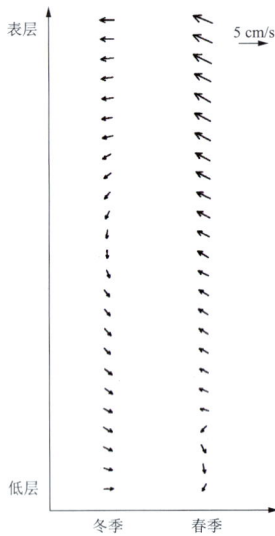

图 5-24   M4 站冬季(左)、春季(右)月平均余流垂直分布

M4 站位于莺歌嘴西偏南处(图 5-16),该站采用锚系浮标测流 1 个月。冬季于 2007 年 2 月实施,春季于 2007 年 4 月观测。将图 5-24 与图 5-22 和图 5-23 对比,除表层之外,中、底层基本一致。

5.3.4   海南岛西部沉积物特征

(1)海底沉积物。

由图 5-25 可以看出,海南岛西部有一条带状的、颗粒极细的粉砂质黏土软泥,从湾口中间先向北再转向西北,贴着昌江口—洋浦的近岸经过,向北直达广西铁山港和越南的红河之北。

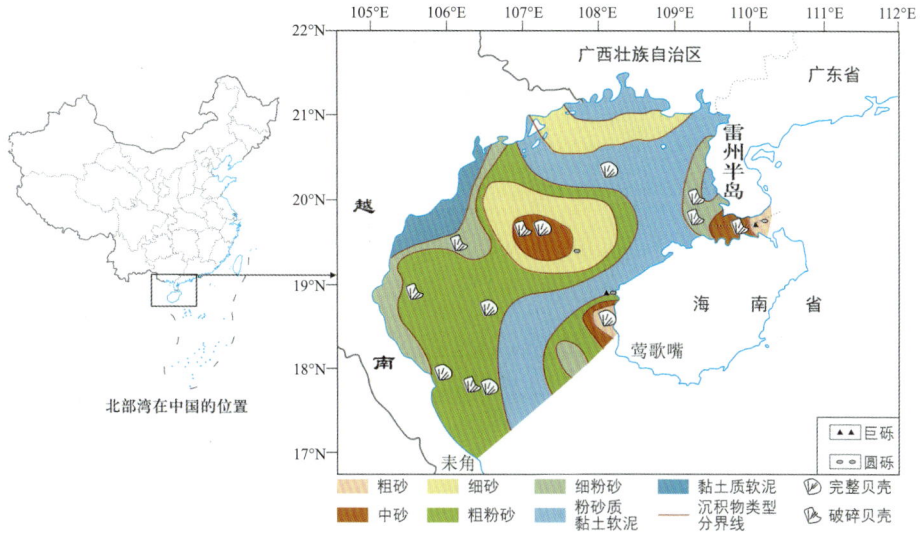

图 5-25　海底沉积物分布特征[5]

（2）海底沉积物中有机质分布特征。

沉积物中有机质的含量受上层水体的生产力控制,生产力越大,沉降下来的有机质越多,那么沉积物中的有机质就越多。图 5-26 为北部湾沉积物中有机质分布特征,可以看出,含有机质多的条带与图 5-25 中粉砂质黏土软泥的分布是基本一致的。

（3）海底沉积物中全磷分布特征。

图 5-27 给出北部湾沉积物中全磷分布特征,可以看出,含磷最多的条带与图 5-25 中粉砂质黏土软泥的分布也是基本一致的。

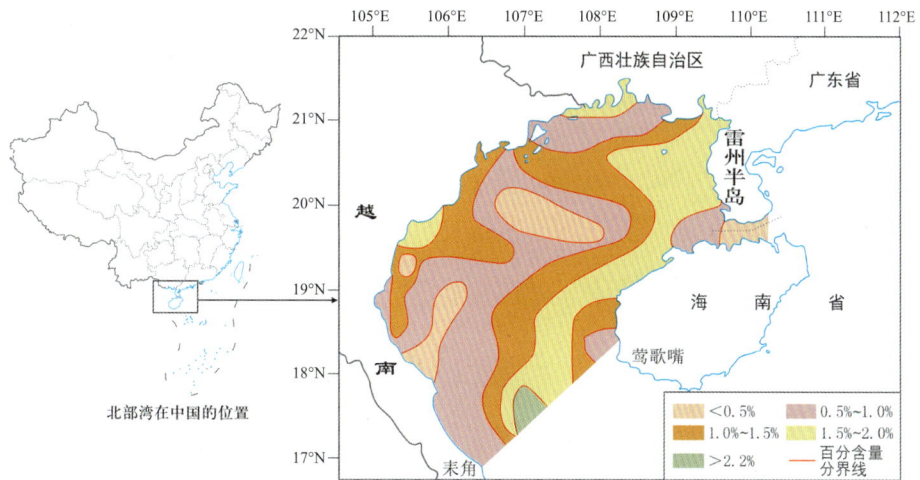

图 5-26　沉积物中有机质分布特征[5]

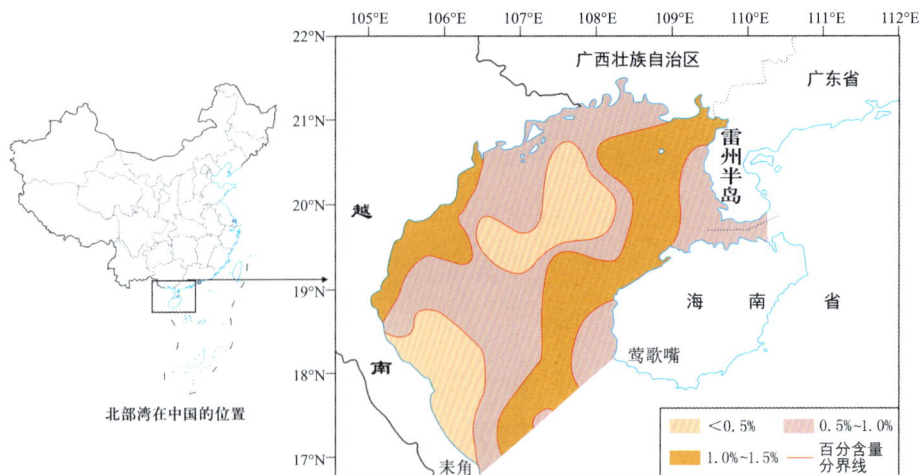

图 5-27　沉积物中全磷分布特征[5]

（4）海底沉积物条带形成的原因分析。

图 5-28 为 1、2、3、10、11、12 月冬半年的底层流分布，从中可以看出，在洋浦港之南，从湾口进入北部湾的底层流场，与沉积物、沉积物中有机质及沉积物中全磷分布是一致的，只是越过琼州海峡中轴线之后就不一样了。我们认为原因如下。

① 北部湾中细颗粒沉积物、沉积物中丰富有机质及沉积物中丰富全磷，是与来自湾口的北上水流有关。

② 溯源追流，湾口北上海流，其源头来自南海北部及海南岛东部的沿岸流，又称南海西边界流。进一步溯源，南海西边界流又和中国海冬季沿岸流有关，最远的源头甚至可以追溯到渤海沿岸水。

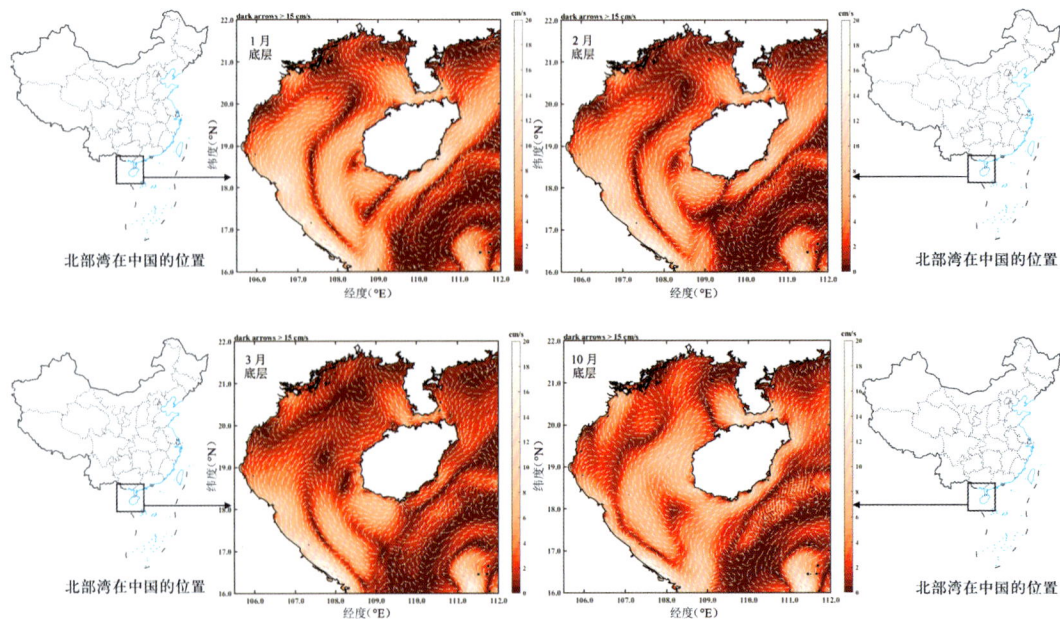

图 5-28（1）　北部湾冬半年底层多年月平均环流

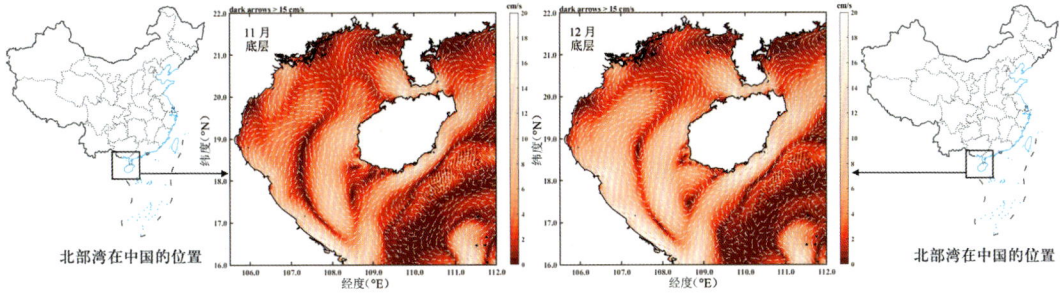

图 5-28（2）　北部湾冬半年底层多年月平均环流

③ 南海西边界流,在经过海南岛东部到达越南近岸,受地形影响,一部分水体转向西北,进入北部湾。这股沿岸流中的物质包括黄河口、长江口、珠江口排放的有机物和无机物。正是这些物质成为北部湾海底物质的重要组成部分。例如,磷与河口排放有关,河流输送是海洋中磷的主要来源。海水中磷酸盐的含量分布与变化总体规律:在河口沿岸水体、封闭海区和上升流区的磷酸盐含量一般较高,而在开阔的大洋表层含量较低;近海水域磷酸盐含量一般冬季较高、夏季较低。

④ 为什么越过琼州海峡中轴线之后,细颗粒沉积物、沉积物中丰富有机质及沉积物中丰富全磷的分布就与流场不吻合?这是因为琼州海峡也向北部湾输送来自南海沿岸流的物质。但是,琼州海峡东口的水体主要来自粤西沿岸水,而非南海西边界流的主体。因此,其中的物质就没有南海西边界流中那么丰富。

5.3.5　海南岛西岸温盐特征

（1）温度。

以西沙观测站观测的温度作为对照,从表 5-1 中可以看出,莺歌海、八所的海水温度最高。这表明海南岛西海岸及广西近岸都是外海水直接影响的区域。

表 5-1　海南岛周边观测站温度距平

	1	2	3	4	5	6	7	8	9	10	11	12	月
西沙	−3.5	−3.0	−1.5	0.4	2.0	2.0	2.0	2.1	1.8	0.7	−0.7	−2.5	27.1
莺歌海	−4.3	−3.9	−1.9	0.2	2.6	2.8	2.8	2.5	2.1	1.0	−0.8	−3.0	26.7
八所	−6.0	−5.4	−2.7	0.7	3.3	3.6	3.7	3.7	3.1	1.2	−1.4	−4.2	26.0
涠洲岛	−6.6	−7.1	−5.2	−1.7	2.7	4.8	5.7	5.5	4.8	2.3	−0.8	−4.2	24.5
海口	−6.1	−6.2	−4.2	−0.9	2.5	4.4	5.2	5.0	3.9	1.9	−1.0	−4.0	24.8
闸坡	−7.6	−7.8	−5.0	−1.2	3.5	4.9	5.6	5.5	5.0	2.7	−0.8	−4.7	23.6
硇洲岛	−6.8	−7.0	−4.6	−0.9	3.1	4.5	4.9	4.9	4.5	2.2	−0.8	−4.5	24.2
北海	−8.4	−8.5	−4.8	−0.4	4.3	5.4	6.2	6.1	5.0	2.2	−1.6	−5.6	23.8

＊莺歌海、八所、海口、涠洲岛观测时限 1960—1971 年,其他为 1960—1969 年。

（2）盐度。

① 同样以西沙观测站观测的盐度作为对照，从表5-2中盐度年平均值可以看出，莺歌海、八所、涠洲岛的海水盐度最高。这表明海南岛西海岸，甚至广西近海，都是外海水直接影响的区域。

表 5-2　海南岛周边观测站盐度距平

	1	2	3	4	5	6	7	8	9	10	11	12	月
西沙	0.3	0.4	0.1	0.0	0.0	0.0	0.0	−0.1	−0.3	−0.3	−0.2	0.1	33.7
莺歌海	0.3	0.5	0.6	0.7	0.5	0.0	0.1	−0.3	−0.8	−0.9	−0.5	−0.1	33.4
八所	−0.1	0.1	0.4	0.9	0.9	−0.1	0.3	−0.1	−0.6	−0.8	−0.6	−0.5	33.9
涠洲岛	0.3	0.4	0.4	0.4	0.5	0.4	−0.2	−0.9	−0.5	−0.4	−0.4	−0.2	32.5
海口	0.9	1.1	1.5	1.5	0.4	−0.6	0.4	0.1	−1.7	−2.6	−0.9	0.3	30.4
闸坡	1.9	1.9	1.8	0.2	−0.7	−1.8	−1.4	−1.4	−1.9	−0.6	0.6	1.6	29.4
硇洲岛	1.2	1.2	0.9	0.3	−0.6	−0.4	1.1	−0.2	−1.5	−1.8	−0.6	0.6	30.4
北海	0.4	0.3	2.3	2.2	1.4	−1.1	−1.4	−3.6	−1.6	0.4	0.3	0.6	27.4

② 从盐度逐月距平值来看，莺歌海、八所、涠洲岛的月盐度距平与西沙也非常一致：1—7月，盐度为正距平；8—12月，盐度为负距平。只是粤西近岸区域的闸坡和硇洲岛站受降水、径流的影响，5—10月的盐度为负距平。

参考文献

[1] Lü X, Qiao F, Wang G, et al. Upwelling off the west coast of Hainan Island in summer：Its detection and mechanisms[J]. Geophysical Research Letters, 2008, 35（2）：196−199.

[2] Hsueh Y, O'Brien J J. Steady Coastal Upwelling Induced by an Along−Shore Current[J]. Journal of Physical Oceanography, 1971, 1（3）：180−186.

[3] Pingree R, Maddock L. Tidal eddies and coastal discharge[J]. Journal of the Marine Biological Association of the United Kingdom[J]. 1977, 57：869−875.

[4] 吕新刚. 黄东海上升流机制数值研究 [D]. 青岛：中国科学院海洋研究所，2010.

[5] 国家科委海洋组海洋综合调查办公室. 中越合作北部湾海洋综合调查报告 [R]. 北京，1964.

第6章

北部湾水平衡

　　地球上水的储存、变化和循环，是一个持续不断、充满整个地球形成过程的伟大事件。水蒸发的速率是每年 126 cm，即相当于海洋总水量的 0.03％。它一方面蒸发，另一方面又有同等的水量通过降雨和河流进入海洋。据估计，其中 10％ 是河流流入，其余的为降雨。

　　水平衡和热平衡两者相似之处是明显的，所以常常相提并论，如都有收入与支出，并可达成某种平衡，两者也分别影响水温的分布或制约盐度的变化，虽然存在着一个全球平衡，但是并不存在局部平衡。当海水蒸发的时候，它把盐分留了下来，因此表层水变咸。全球海洋表层盐度分布表明了这种局部不平衡的特点。在大洋的中心区，由于那里蒸发量超过降雨量，所以表层盐度高于平均数。而在那些蒸发量小于降雨量的地方，则其盐度小于平均值。一般说来，沿岸区域的盐度都比大洋里低一些，这是由于江河流入的影响。在测得的表层盐度和降水与蒸发的差值之间可能存在着一个近似的定量关系。

　　但地球上的水量平衡与热量平衡却有质的不同。这是因为，地球上热量的来源基本上只靠太阳辐射这一外部热源的输入，在各种过程的制约下，地球以及海洋的热量收支得以达成某种平衡，尽管海洋热收支中有些过程，如蒸发与凝结，辐射与逆辐射等，似为可逆，但是不像地球系统内的水循环那样可周而复始，所以讨论地球或海洋的热量收支时，只能称为热量平衡而不能称为"热量循环"。

　　水量平衡却不然，水的来源几乎完全靠地球自身，又在地球系统之内周游而循环，所以也称为水循环。海洋中水的收入主要靠降水、陆地径流和融冰，支出则主要是蒸发和结冰。局部海洋水量的收入与支出不平衡，则导致水位的上升或下降，这又会引发海水产生相应的流动，从而使水位、水量得以调整。局部水域的水量平衡方程式：

$$q=P+R+M+U_i-E-F-U_0$$

式中，P 为降水，R 为大陆径流，M 为融冰，U_i 为海流及混合作用使海域获得的水量，E 为蒸发，F 为结冰，U_0 为海流及混合作用使海域失去的水量，余项 q 为研究海域在给定时间水交换的盈余（$q>0$）或亏损（$q<0$）。

　　对北部湾，没有结冰与融冰的问题。上述公式中不考虑 M 与 F，只有 P、R、U_i、E 和 U_0 五项。

　　北部湾水平衡的计算区域如图6-1所示。

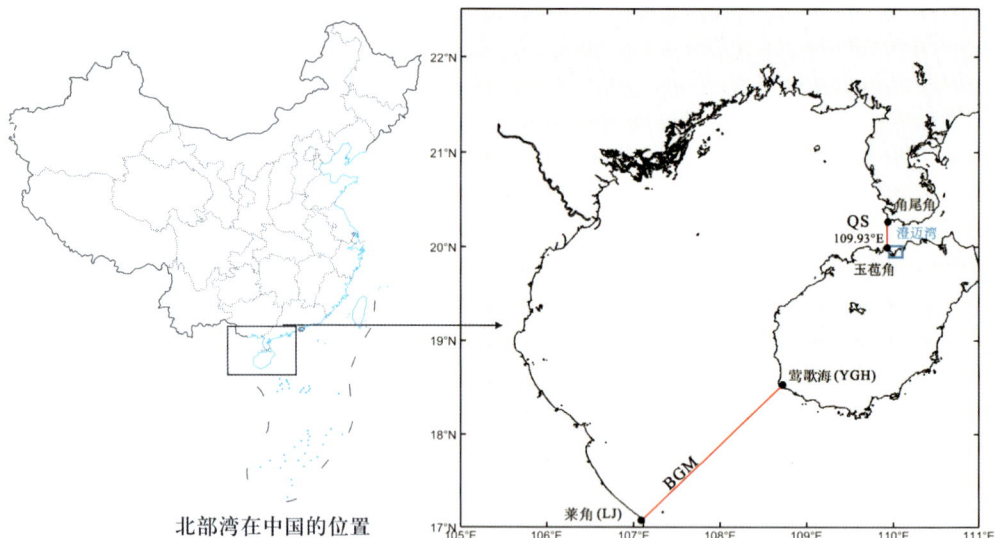

图 6-1　北部湾水平衡计算区域

由图 6-1 可以看出用于计算琼州海峡入／出水的断面,位于雷州半岛的角尾角和海南的玉苞角之间,经度为 109.93 °E,简称 QS 断面。用于计算北部湾南部入／出水的断面,位于越南的莱角和海南岛的莺歌海之间,呈东北—西南走向,简称 BGM 断面。

6.1　琼州海峡

6.1.1　琼州海峡余流速度分布剖面

要看出琼州海峡的水量进出,就首先要给出通过 QS 断面的垂直速度分布(图 6-2)。图中"正值"表示水进入北部湾,"负值"表示水流出北部湾。

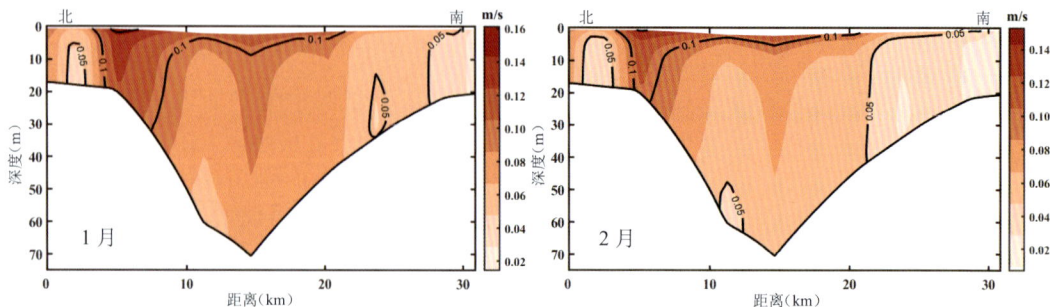

图 6-2(1)　琼州海峡断面余流

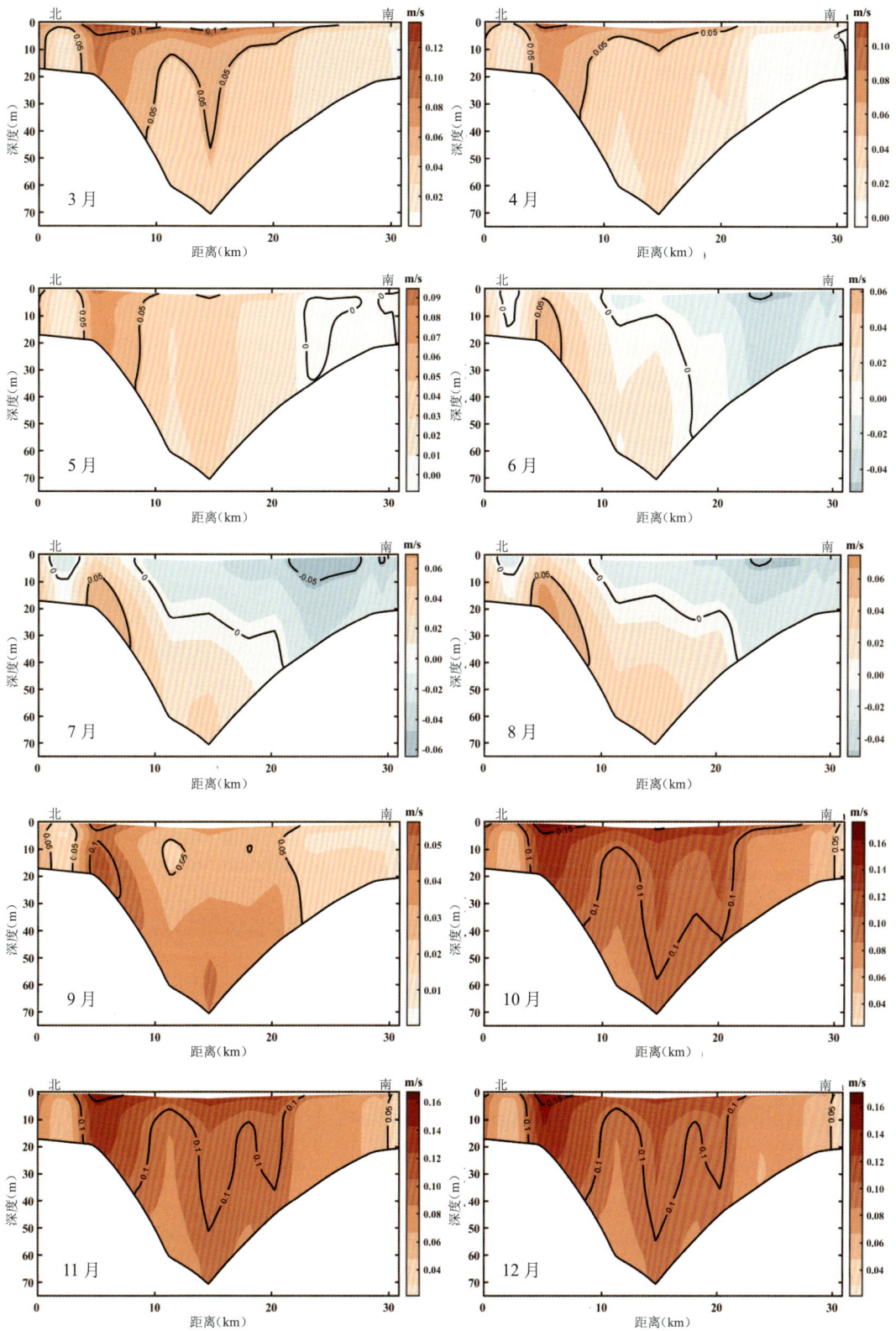

图 6-2（2）　琼州海峡断面余流

从琼州海峡余流速度剖面(图6-2)中可以看出如下规律。

(1)北进南出。

粤西南海水进入北部湾主要是从深槽向北,到雷州半岛这个区间。从深槽向南,到海南岛这个区间,6、7、8月北部湾的水体回流入琼州海峡。从不同月份海流速度可以看出:这里存在一个气旋涡,回流正是这个气旋涡的南缘。为了证明这个结论,我们引用玉苞角东缘澄迈湾的余流图(图6-3),此图为交通运输部天津水运工程科学研究所于2004年6月18—19日测流的结果。从中可以看出,玉苞角东缘的气旋涡从西向东逐渐增强:在玉苞角附近只有5 cm/s,在澄迈东边,可达20 cm/s左右。这说明通过QS断面东半部的水体回流是深远的,与图6-2中6月的余流断面对照,也是非常吻合的。

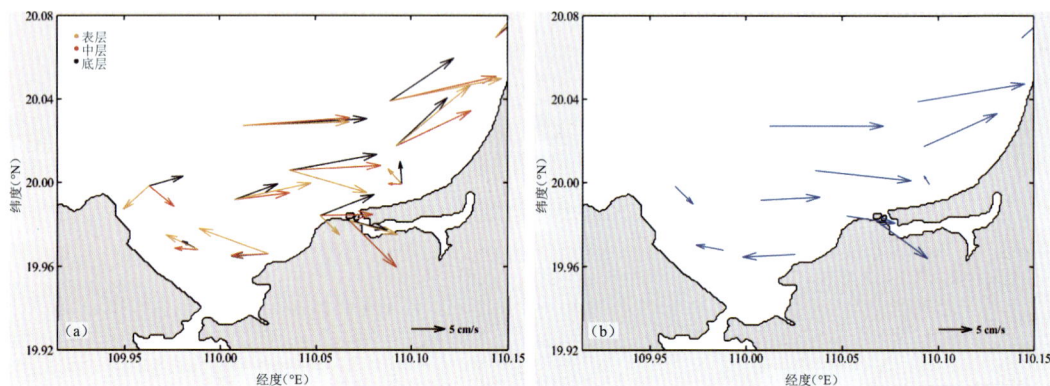

图6-3 澄迈湾表、中、底层余流(a)和垂向平均余流(b)

(2)冬、春、秋三季,进入北部湾的水较多;夏季,进入北部湾的水较少,回流入琼州海峡的水增多。

6.1.2 琼州海峡水通量

图6-3中只是给出水流进出北部湾的方向和总体特征,具体量值还要通过流速与面积乘积的积分求得。表6-1为1993—2012年QS断面20年的月平均通量,目的是了解通量的多年变化特征,以便我们更好地掌握客观变化规律。

从表6-1中可以得出如下结论。

(1)20年月平均水通量结果显示,粤西南面的南海水通过琼州海峡进入北部湾的通量为0.061 0×10^6 m³/s,即61 000 m³/s。这已经大大超过长江的年平均径流量:根据徐宇程等人研究结果[1],长江平水年径流量为26 460～29 010 m³/s;丰水年径流量为29 010～33 260 m³/s;特丰水年径流量>33 260 m³/s。

(2)流量最多的月份依次为9、10、11、12、1、2月,即秋、冬季,春季次之。夏季,只有7月,水量由琼州海峡流出北部湾,不足平均量的1%。

表 6-1　琼州海峡断面水通量

（单位：10^6 m³/s）

	1月	2月	3月	4月	5月	6月	7月	8月	9月	10月	11月	12月	年平均
1993 年	0.095 4	0.059 0	0.035 6	0.039 4	0.000 2	-0.056 5	-0.024 3	-0.009 4	0.062 3	0.127 8	0.125 5	0.114 0	0.047 4
1994 年	0.083 4	0.081 6	0.069 6	0.017 1	0.034 3	0.047 4	0.016 5	0.000 1	0.091 5	0.111 2	0.107 6	0.117 9	0.064 9
1995 年	0.097 9	0.071 4	0.037 0	0.021 3	0.058 3	-0.016 5	-0.013 0	0.022 7	0.079 2	0.140 2	0.137 5	0.115 8	0.062 6
1996 年	0.077 7	0.082 9	0.044 6	0.079 5	0.040 7	-0.016 8	0.006 4	0.011 8	0.090 3	0.120 9	0.139 8	0.098 3	0.064 7
1997 年	0.082 9	0.104 0	0.038 5	0.049 3	0.110 5	-0.002 1	-0.006 3	0.019 1	0.082 8	0.093 8	0.068 9	0.101 1	0.053 5
1998 年	0.092 2	0.073 3	0.039 1	0.013 0	0.355 4	-0.003 0	-0.055 5	-0.046 5	0.062 7	0.124 3	0.118 9	0.126 6	0.050 0
1999 年	0.107 0	0.074 7	0.062 3	0.079 3	0.356 0	-0.009 1	-0.007 3	-0.002 3	0.042 1	0.116 9	0.126 1	0.143 0	0.065 7
2000 年	0.110 9	0.099 9	0.055 5	0.036 3	0.079 2	0.029 7	0.044 4	0.022 8	0.082 8	0.167 9	0.126 3	0.106 2	0.080 1
2001 年	0.087 0	0.095 0	0.046 3	0.052 0	0.035 2	0.023 7	0.009 8	0.058 8	0.096 2	0.110 6	0.100 7	0.117 0	0.069 4
2002 年	0.081 7	0.064 1	0.035 1	0.017 9	0.036 9	0.003 9	-0.015 1	0.028 0	0.088 6	0.106 1	0.130 7	0.100 7	0.056 5
2003 年	0.085 1	0.054 6	0.074 6	0.034 1	0.035 9	-0.018 3	0.018 3	0.034 3	0.064 2	0.087 5	0.122 5	0.101 9	0.057 9
2004 年	0.071 8	0.039 0	0.048 9	0.028 1	0.038 0	0.031 0	0.004 8	0.013 1	0.041 0	0.097 1	0.094 8	0.090 8	0.049 9
2005 年	0.074 0	0.067 7	0.056 3	0.019 5	0.010 6	-0.007 1	0.020 8	0.032 1	0.115 3	0.103 4	0.093 4	0.119 5	0.058 8
2006 年	0.092 7	0.091 2	0.041 8	0.024 7	0.048 8	0.003 2	-0.000 8	0.048 3	0.093 0	0.070 2	0.083 2	0.123 1	0.060 0
2007 年	0.091 8	0.039 1	0.058 9	0.066 5	0.028 4	-0.018 3	-0.014 0	-0.004 7	0.057 1	0.134 3	0.120 4	0.076 2	0.053 0
2008 年	0.097 7	0.103 7	0.034 3	0.048 8	0.052 8	-0.017 0	-0.009 8	0.005 4	0.039 0	0.104 6	0.125 2	0.103 0	0.057 3
2009 年	0.084 8	0.038 3	0.068 1	0.078 0	0.066 2	0.013 5	0.015 0	0.026 8	0.086 8	0.104 6	0.124 1	0.088 0	0.066 2
2010 年	0.092 4	0.030 6	0.028 5	0.050 9	0.027 8	0.000 0	-0.009 1	0.008 0	0.012 7	0.155 5	0.083 0	0.093 4	0.047 8
2011 年	0.130 1	0.070 4	0.101 9	0.034 3	0.043 2	-0.002 1	-0.000 2	0.003 4	0.113 6	0.145 4	0.158 0	0.167 1	0.080 4
2012 年	0.124 7	0.111 0	0.090 2	0.024 4	0.046 0	0.033 3	0.012 7	0.007 5	0.082 3	0.109 3	0.104 6	0.130 5	0.073 0
平均	0.093 1	0.072 6	0.053 4	0.040 7	0.040 2	0.000 9	-0.000 3	0.014 0	0.074 2	0.116 6	0.114 6	0.111 7	0.061 0

（3）20年中,通过琼州海峡进入北部湾最少的年通量是 1993 年、1998 年、2004 年和 2010 年,其年通量分别为 $0.047\,4\times10^6\,\mathrm{m}^3/\mathrm{s}$、$0.050\,0\times10^6\,\mathrm{m}^3/\mathrm{s}$、$0.049\,9\times10^6\,\mathrm{m}^3/\mathrm{s}$ 和 $0.047\,8\times10^6\,\mathrm{m}^3/\mathrm{s}$,只有多年平均的 78 %、82 %、82 % 和 78 %;通过湾口断面流出北部湾最多的年通量是 2000 年和 2011 年,其年通量分别为 $0.080\,1\times10^6\,\mathrm{m}^3/\mathrm{s}$ 和 $0.080\,4\times10^6\,\mathrm{m}^3/\mathrm{s}$,都为多年平均的 1.31 倍。并且,高值年还要延长一年:2001 年为 $0.069\,4\times10^6\,\mathrm{m}^3/\mathrm{s}$,2012 年为 $0.073\,0\times10^6\,\mathrm{m}^3/\mathrm{s}$,为多年平均的 1.14 和 1.20 倍。

6.1.3 琼州海峡水通量变化对北部湾的影响

（1）生态影响。

涠洲岛位于北部湾东北部、北海市正南方约 37 km 处,总面积 24.74 km^2,属于广西离岸的最大岛屿。

随着沿海工业及养殖业的发展,广西沿岸水域海水质量有下降趋势,赤潮频发(图 6-4 所示),1995—2011 年赤潮发生 12 次。钦州湾和廉州湾累计发生 5 次,涠洲岛赤潮发生次数竟有 7 次之多,占广西近海赤潮总数的 58.3 %。钦州湾和廉州湾赤潮的发生可能与近岸工业污水的排放、海水受到污染有关。但令人奇怪的是,涠洲岛离最近的广西北海岸线有 37 km 之远,岛上没有任何工业设施,周围水域向来以"干净水质"自诩,为什么成为赤潮高发区?

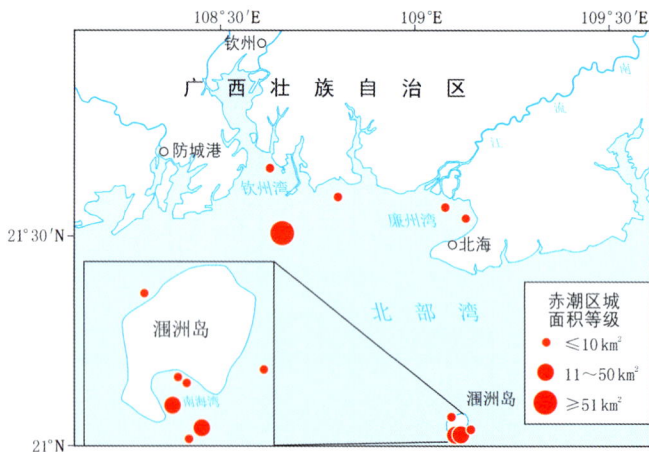

图 6-4 北部湾北部发生赤潮海域及其面积

赤潮的危害很大,主要体现在以下 3 个方面[2][3]。第一,赤潮对海洋生态平衡的破坏。赤潮发生初期,水体出现高叶绿素、高溶解氧、高化学耗氧量,引起周围海洋环境因素剧烈改变,破坏了水体的生态平衡。第二,赤潮对海洋渔业和水产资源的破坏。赤潮发生初期,藻类生物大量繁殖,引起经济藻类变色或腐烂,分泌出的黏液黏附于鱼类鳃部妨碍其呼吸,引起鱼类缺氧死亡。有些赤潮生物体内的生物毒素能够引起鱼虾贝类中毒死亡。赤潮发生后期,藻类大量死亡后,同时还会释放大量有害气体和毒素,鱼类和其他海洋生物缺氧或中毒死亡。第三,赤潮对人类健康的危害。有些赤潮生物的生物性毒素富集在鱼虾贝类中,如果人类不慎食用,轻则中毒,严重可导致死亡。

赤潮形成的原因是十分复杂的,不同海域、不同季节等都是影响赤潮生成的条件。但是,普遍认为,水体的富营养化是形成赤潮的基础因素。赤潮生物利用氮、磷等营养元素大量繁殖和积聚,从而发生赤潮。海区的地理位置、地形特征、水文、气象、海流、海况等,则是形成赤潮的自然因子。

根据初步分析,在涠洲岛附近,赤潮多为红海束毛藻赤潮。发生赤潮前后,导致水体富营养化的氮、磷等营养元素含量在涠洲岛附近也最多(图 6-5)[4]。并且,隐约可以看出,氮磷的高值区来自琼州海峡。然而,在琼州海峡两岸,并没有多少工业污染源可以产生大量的氮、磷营养元素并向西输送,那么它们来自哪里?

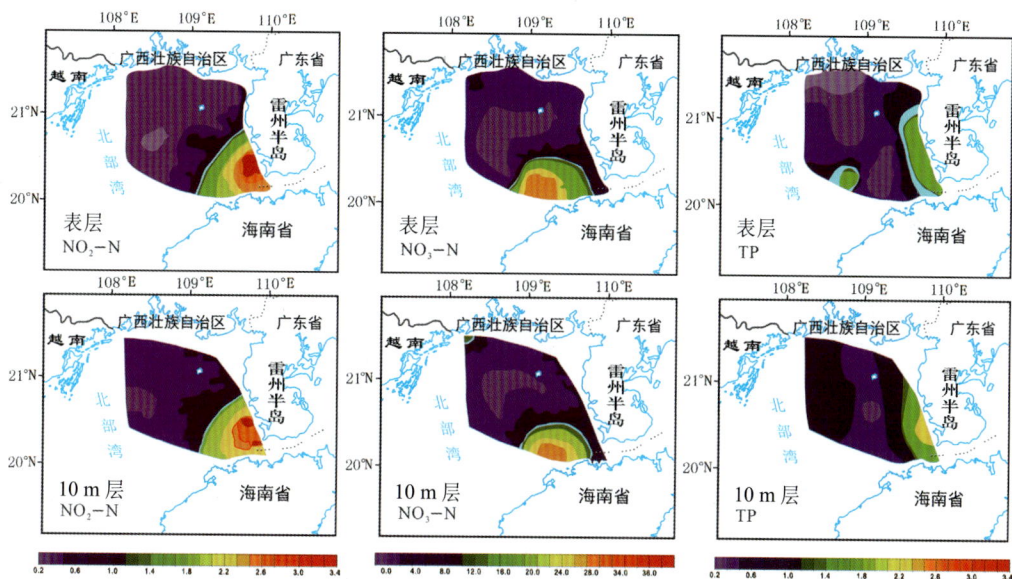

图 6-5 北部湾北部表层、10 m 层水体中春季 NO$_2$-N、NO$_3$-N 和夏季 TP 平面分布(μmol/L)[5]

根据研究,春、夏季琼州海峡水体的西向输送,可能是营养元素(氮、磷)从源头(珠江口)来到涠洲岛附近的直接原因。

(2)对北部湾环流的影响。

北部湾是半封闭的海湾,只有琼州海峡和海湾南口与外海相通。琼州海峡进水通量多寡将控制北部湾南口出水通量的大小。琼州海峡入/出流通量主要受控于琼州海峡东口之外南海环流的背景场和北部湾上空的风场,是北部湾环流结构的主要影响因子。

① 琼州海峡入流通量减少,出流量增多,北部湾反气旋式环流增强。

图 6-6 为琼州海峡 2007 年 6 月与北部湾多年平均的 6 月环流对比。2007 年,其 6 月通量为 -0.018 3×10^6 m^3/s,而多年平均为弱入流,通量为 0.000 9 m^3/s。由于入流通量变为出流通量,北部湾反气旋式环流增强。来自湾口的南海水控制了琼州海峡西面

大片海域。然而,多年平均的 6 月环流指示,琼州海峡的来水控制海峡西口及海南岛西部近岸的大片水域。

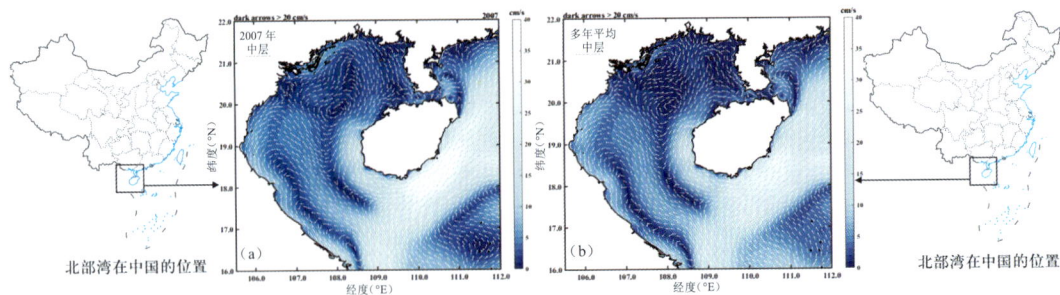

图 6-6　琼州海峡入流最少的 2007 年 6 月(a)与北部湾多年平均的 6 月(b)环流对比

② 琼州海峡入流通量增加,北部湾气旋式环流变强。

图 6-7 为琼州海峡入流最多的 2000 年 5 月与北部湾多年平均的 5 月环流对比。2000 年,5 月通量为 0.079 2×10^6 m³/s,为多年平均的 1.99 倍。由于入流通量增加,北部湾气旋式环流加强。到了 5 月份,南风开始占优,但是北部湾仍然是单一气旋式环流形态。由于受琼州海峡入流的推动,北部湾南口入流的气旋涡仍然深入到北部湾的中部。对比多年的平均态,可以看出两者的显著不同。

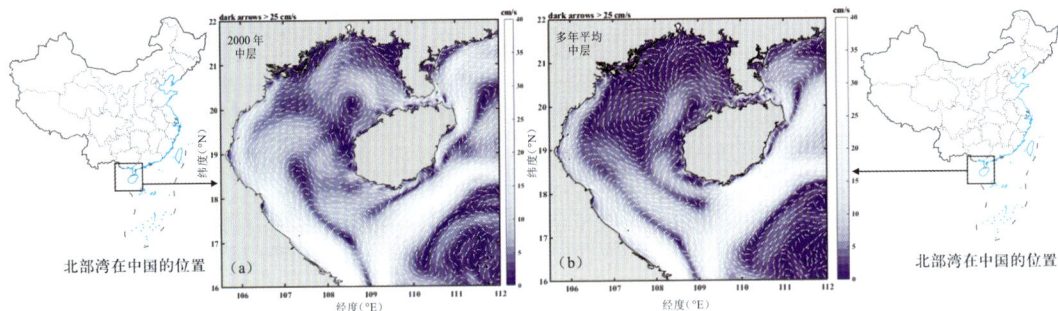

图 6-7　琼州海峡入流最多的 2000 年 5 月(a)与北部湾多年平均的 5 月(b)环流对比

(3)对北部湾温度影响。

① 夏季 8 月。

图 6-8 为 1998 年 8 月与 2000 年 8 月北部湾 5 m 层水体温度对比。

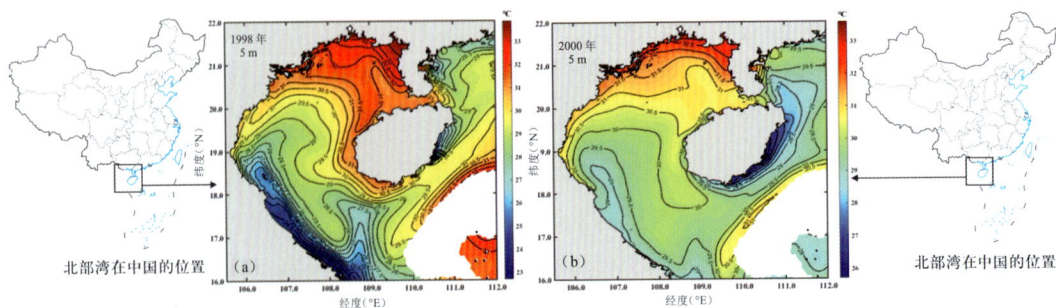

图 6-8　1998 年 8 月 5 m 层温度(a)与 2000 年 8 月 5 m 层温度(b)对比

1998 年 8 月,北部湾从琼州海峡失去水量 0.046 5×10^6 m³/s,2000 年 8 月,北部湾从琼州海峡得到水量 0.005 4×10^6 m³/s。所以,1998 年,来自湾口的南海水(温度低于北部湾),受琼州海峡出流的影响,以补偿形式长驱直入北部湾,29.5 ℃等值线可以直达湾中部 20°N 附近;2000 年 8 月,琼州海峡入流水显著增加(为多年平均值的 1.93 倍),阻碍了湾口南海水的进入,因此,29.5 ℃等值线只能缩小在 19°N 以南的越南近岸一隅。同样,1998 年 8 月,琼州海峡西口海域 31.5 ℃等值线占据显著范围;2000 年 8 月,受琼州海峡大量入流(温度低于北部湾)的影响,从海峡西口向西直达越南近海的水温都低于 31.0 ℃。

② 冬季 2 月。

图 6-9 为 1998 年 2 月与 2000 年 2 月北部湾 5 m 层水体温度对比。

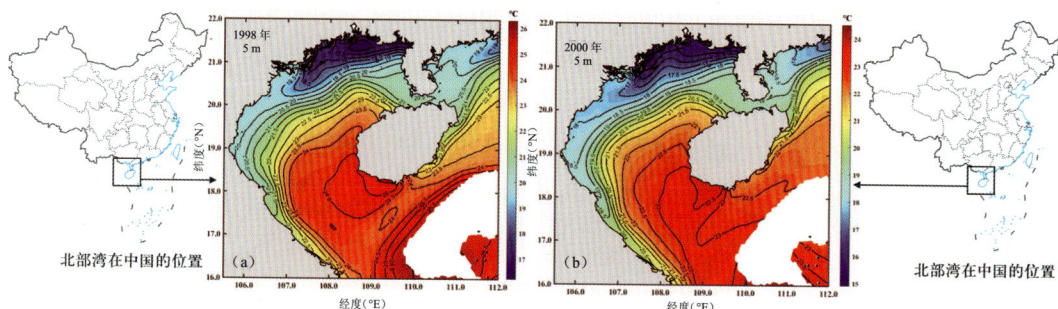

图 6-9　1998 年 2 月 5 m 层温度(a)与 2000 年 2 月 5 m 层温度(b)对比

1998 年 2 月,北部湾从琼州海峡取得水量 0.073 3×10^6 m³/s。2000 年 2 月,北部湾从琼州海峡取得水量 0.099 9×10^6 m³/s,是 1998 年的 1.36 倍。1998 年 2 月,来自湾口的南海水(温度高于北部湾),受琼州海峡入流减少的影响,湾口水北上去补充,23.0 ℃等值线可以直达湾中部 20°N 附近,海峡两端温差达到 1 ℃;而 2000 年 2 月,琼州海峡入流水大大增加,阻碍了湾口南海水的进入,因此,23.0 ℃等值线只能缩小在 18.5°N 以南的靠近海南岛近岸一侧,且由于水量多、混合强,海峡两端温度基本一致。

(4)对北部湾盐度影响。

① 夏季 8 月。

1998 年 8 月,北部湾从琼州海峡失去水量 −0.046 5×10^6 m³/s,2000 年 8 月,北部湾从琼州海峡得到水量 0.005 4×10^6 m³/s。8 月多年平均值为 0.014 0×10^6 m³/s,也就是说,1998 年 8 月,北部湾损失水量 0.060 5×10^6 m³/s。这些水量通过琼州海峡流向海峡东口,然后随着海南岛东部夏季北向沿岸流,一起流向粤西沿岸。从图 6-10a 中可以看出,琼州海峡东口确实有一个低盐舌,直指东北方向的珠江口。2000 年 8 月,北部湾从琼州海峡得到水量 0.005 4×10^6 m³/s,那意味着琼州海峡东口的高盐南海水可以向西流入北部湾。图 6-10b 也证明了这一点:盐度为 32 的等盐线呈南北走向,表示从琼州海峡东口进来的高盐南海水与北部湾的湾内低盐水相遇后处于受阻状态。

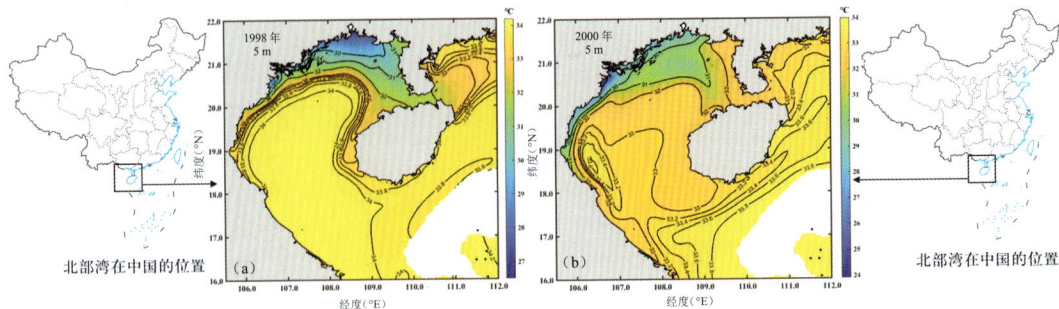

图 6-10　1998 年 8 月 5 m 层盐度(a)与 2000 年 8 月 5 m 层盐度(b)对比

同样,1998 年 8 月,来自湾口的南海水(盐度高于北部湾)受琼州海峡出流的影响,外海高盐水不断北上以补充。盐度高于 34 的海域占北部湾全海域的一半。2000 年 8 月,琼州海峡入流水显著增加,遏制了湾口南海水的进入,因此,3/4 海域的盐度都低于33。

② 冬季 2 月。

1998 年 2 月,北部湾从琼州海峡取得水量 0.073 3×10^6 m^3/s。2000 年 2 月,北部湾从琼州海峡取得水量 0.099 9×10^6 m^3/s,是 1998 年的 1.36 倍。所以,1998 年 2 月琼州海峡西口盐度 33 与盐度 32 的等值线围成的面积显著小于 2000 年 2 月(图 6-11)。

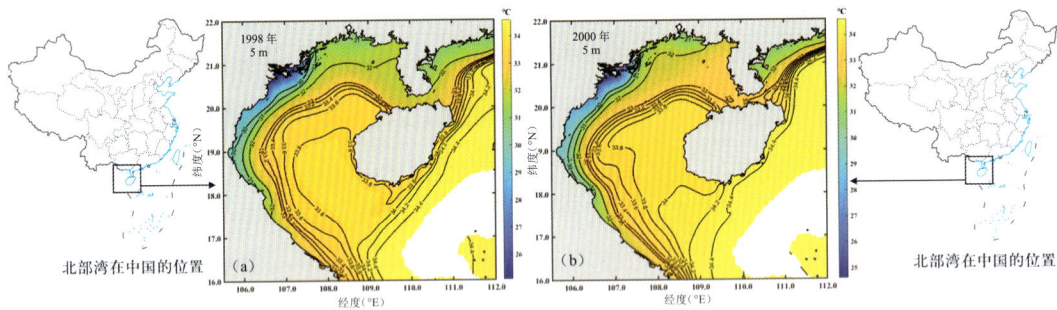

图 6-11　1998 年 2 月 5 m 层盐度(a)与 2000 年 2 月 5 m 层盐度(b)对比

1998 年 2 月,来自湾口的南海水(盐度高于北部湾)受琼州海峡入流减少的影响,湾口水北上补充增强,33.8 的盐度等值线(与外海盐度相差 0.2)可以直达湾中部 19.5°N附近;2000 年 2 月,琼州海峡入流水大大增加,阻碍了湾口南海水的进入,因此,34 盐度等值线(与外海盐度相差 0.2)只能缩小在 18°N 以南的小范围区域。

6.2　北部湾湾口逐月水通量

6.2.1　北部湾湾口余流速度分布剖面

图 6-12 是垂直湾口断面的流速。"正值"是进入湾内,"负值"是从湾内流出。从湾口断面余流速度剖面中可以看出如下规律。

（1）秋、冬季（1、2、3、9、10、11、12 月），海水从湾中间到越南莱角这个区段流出；从湾中间到莺歌海这个区段流入。

（2）春、夏季（4、5、6、7、8 月），水从中间进、两边出。

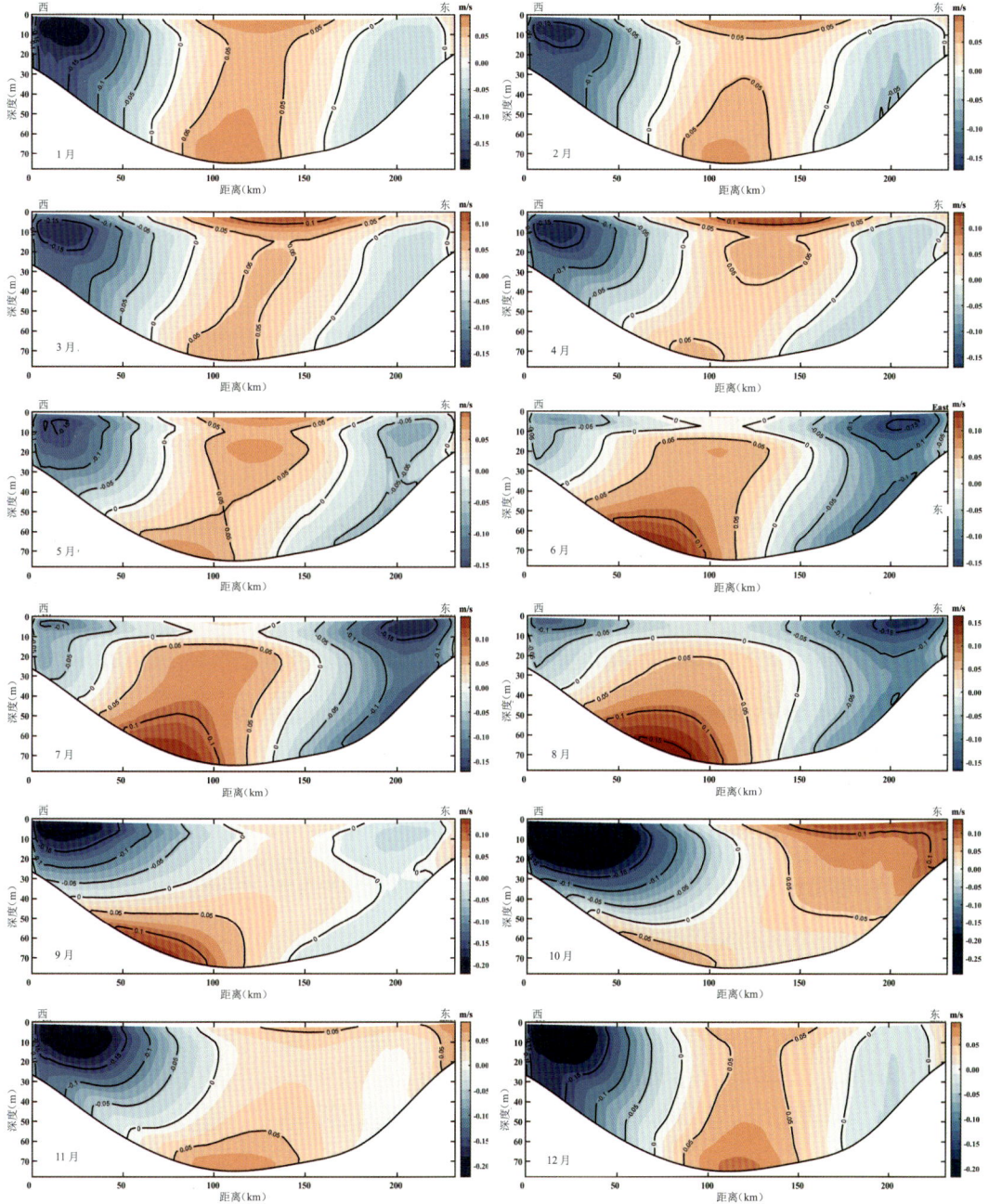

图 6-12　北部湾口断面余流速度剖面

6.2.2　北部湾湾口水通量

表 6-2 为 1993—2012 年湾口断面 20 年的月平均水通量，目的是了解通量的多年变化特征。

表6-2 北部湾湾口断面(莱角—莺歌海)水通量

（单位：$10^6 \, \text{m}^3/\text{s}$）

	1月	2月	3月	4月	5月	6月	7月	8月	9月	10月	11月	12月	年平均
1993年	-0.0926	-0.0641	-0.0333	-0.0452	-0.0171	0.0435	0.0079	-0.0058	-0.0792	-0.1238	-0.1234	-0.1183	-0.0543
1994年	-0.0766	-0.0835	-0.0761	-0.0200	-0.0432	-0.0539	-0.0325	-0.0084	-0.1009	-0.1090	-0.1072	-0.1136	-0.0687
1995年	-0.0992	-0.0729	-0.0472	-0.0224	-0.0656	0.0080	-0.0005	-0.0444	-0.0847	-0.1379	-0.1377	-0.1201	-0.0687
1996年	-0.0815	-0.0980	-0.0520	-0.0809	-0.0378	0.0122	-0.0282	-0.0167	-0.1054	-0.1285	-0.1432	-0.1177	-0.0731
1997年	-0.0817	-0.1084	-0.0405	-0.0653	-0.0148	-0.0042	-0.0010	-0.0341	-0.1000	-0.0969	-0.0814	-0.1047	-0.0611
1998年	-0.0914	-0.0739	-0.0514	-0.0200	-0.0639	-0.0065	0.0356	0.0257	-0.0812	-0.1178	-0.1229	-0.1253	-0.0577
1999年	-0.1083	-0.0754	-0.0640	-0.0688	-0.0665	0.0029	-0.0033	-0.0104	-0.0556	-0.1276	-0.1283	-0.1563	-0.0718
2000年	-0.1106	-0.1030	-0.0584	-0.0413	-0.0705	-0.0353	-0.0515	-0.0276	-0.0941	-0.1799	-0.1152	-0.1057	-0.0828
2001年	-0.0907	-0.0976	-0.0442	-0.0599	-0.0355	-0.0240	-0.0148	-0.0678	-0.1107	-0.1138	-0.1145	-0.1210	-0.0745
2002年	-0.0760	-0.0605	-0.0447	-0.0188	-0.0545	-0.0020	-0.0013	-0.0308	-0.1081	-0.1068	-0.1306	-0.0973	-0.0610
2003年	-0.0809	-0.0525	-0.0816	-0.0380	-0.0427	0.0107	-0.0269	-0.0462	-0.0738	-0.0914	-0.1155	-0.1056	-0.0620
2004年	-0.0735	-0.0372	-0.0498	-0.0246	-0.0487	-0.0322	-0.0013	-0.0275	-0.0533	-0.1001	-0.0945	-0.0872	-0.0525
2005年	-0.0759	-0.0658	-0.0627	-0.0161	-0.0117	-0.0022	-0.0333	-0.0462	-0.1204	-0.0854	-0.0986	-0.1306	-0.0624
2006年	-0.0921	-0.0950	-0.0358	-0.0238	-0.0434	-0.0063	-0.0054	-0.0545	-0.0794	-0.0866	-0.0793	-0.1139	-0.0596
2007年	-0.1015	-0.0285	-0.0675	-0.0692	-0.0304	0.0173	0.0017	-0.0082	-0.0652	-0.1429	-0.1067	-0.0817	-0.0569
2008年	-0.0990	-0.1133	-0.0325	-0.0423	-0.0551	0.0161	-0.0015	-0.0163	-0.0553	-0.1056	-0.1219	-0.1023	-0.0607
2009年	-0.0944	-0.0328	-0.0636	-0.0748	-0.0687	-0.0204	-0.0258	-0.0319	-0.0926	-0.1058	-0.1188	-0.0878	-0.0681
2010年	-0.0951	-0.0305	-0.0279	-0.0565	-0.0381	-0.0076	-0.0050	-0.0259	-0.0219	-0.1517	-0.0951	-0.0826	-0.0532
2011年	-0.1304	-0.0766	-0.1010	-0.0370	-0.0312	0.0002	-0.0113	-0.0227	-0.1257	-0.1447	-0.1561	-0.1612	-0.0831
2012年	-0.1313	-0.1158	-0.0902	-0.0185	-0.0487	-0.0332	-0.0271	-0.0134	-0.0922	-0.1142	-0.0977	-0.1202	-0.0752
平均	-0.0941	-0.0743	-0.0562	-0.0422	-0.0444	-0.0058	-0.0113	-0.0256	-0.0850	-0.1185	-0.1144	-0.1127	-0.0654

从表 6-2 可以得出如下一些结论。

（1）20 年月平均水通量结果显示，北部湾口多年平均净输出量为 $0.065\,4\times10^6\,m^3/s$，和琼州海峡输入量基本相当。

（2）出流量超过多年平均值的月份依次为 9、10、11、12、1、2 月，即秋、冬季。春季次之。夏季，6、7、8 月，出流量最少，3 个月之和也只有平均量的 65%。

（3）20 年中，通过湾口断面流出北部湾较少的年通量是 1993 年、1998 年、2004 年、2007 年和 2010 年，其年通量分别为 $0.054\,3\times10^6\,m^3/s$、$0.057\,7\times10^6\,m^3/s$、$0.052\,5\times10^6\,m^3/s$、$0.056\,9\times10^6\,m^3/s$ 和 $0.053\,2\times10^6\,m^3/s$，只有多年平均的 83%、88%、80%、87% 和 81%；通过湾口断面流出北部湾最多的年通量是 2000 年和 2011 年，其年通量分别为 $0.082\,8\times10^6\,m^3/s$ 和 $0.083\,1\times10^6\,m^3/s$，都为多年平均的 1.27 倍。并且，高值年还要延长一年：2001 年为 $0.074\,5\times10^6\,m^3/s$，2012 年为 $0.075\,2\times10^6\,m^3/s$，为多年平均的 1.14 倍和 1.15 倍。

6.3　径流、降水与蒸发

6.3.1　径流

广西北部湾经济区入海河流流域面积在 $50\,km^2$ 以上的有 123 条，分别汇成 22 条干流独流入海，年径流总量约 $2.5\times10^8\,m^3$，流域面积约 $1.6\times10^4\,km^2$；南流江、钦江、大风江、北仑河、茅岭江和防城河 6 条主要河流年径流量多年统计结果，入海河流径流量约为 $548\,m^3/s$。

越南红河径流量及其月变化数据为 2012 年美国学者陈长胜在参加越南的学术讨论会时，越方科学家在会上提供的。总径流量月变化如表 6-3 所示。

表 6-3　诸月径流量　（单位：$10^6\,m^3/s$）

	1月	2月	3月	4月	5月	6月	7月	8月	9月	10月	11月	12月	年平均
径流量	0.002 1	0.001 7	0.001 4	0.001 4	0.003 3	0.004 1	0.008 7	0.010 3	0.010 3	0.006 7	0.003 8	0.002 5	0.004 7

从表 6-3 中可见，年均径流量为 $0.004\,7\times10^6\,m^3/s$，径流最多的月份是 7、8、9、10 月，4 个月总和为 $0.036\,0\times10^6\,m^3/s$，接近全年总径流的 64%。径流较少的月份是 1、2、3、4 月，4 个月总和为 $0.006\,6\times10^6\,m^3/s$，仅为全年总径流的 12%。

6.3.2　降水

北部湾是中国降水量最丰富的地区之一，年降水量均在 1 070 mm 以上，大部分区域为 1 500～2 000 mm。受冬、夏季风交替的影响，北部湾降水量的季节变化不均，干、湿季分明(表 6-4)。超过降水平均量的月份为 5 ～ 10 月,总计为 0.078 5×10^6 m^3/s,其降水量占全年降水量的 77%;10 月至次年 4 月为干季,降水量仅占年降水量的 23%。

表 6-4　诸月降水量　　　　　　　　　　　　　　　　(单位:10^6 m^3/s)

	1月	2月	3月	4月	5月	6月	7月	8月	9月	10月	11月	12月	年平均
降水量	0.003 4	0.003 1	0.003 4	0.004 4	0.010 5	0.011 4	0.013 0	0.014 6	0.016 9	0.012 1	0.005 3	0.004 1	0.008 5

6.3.3　蒸发

海洋中水的收入主要靠降水、陆地径流和融冰,支出则主要是蒸发和结冰。

蒸发在海洋热平衡中占有重要分量,也使海洋支出了巨额水量。据计算,每年海洋因蒸发而失去的水量为 440 000 ～ 454 000 km^3,如果海洋得不到水量补充的话,世界大洋的水位将下降 124 ～ 126 cm。

北部湾年平均蒸发量为 0.008 4×10^6 m^3/s,超过蒸发平均量的月份为 5 ～ 10 月,总计为 0.073 4×10^6 m^3/s,占全年蒸发量的 73%;10 ～ 4 月为干季,降水量仅占年降水量的 27%。

表 6-5　诸月蒸发量　　　　　　　　　　　　　　　　(单位:10^6 m^3/s)

	1月	2月	3月	4月	5月	6月	7月	8月	9月	10月	11月	12月	年平均
蒸发量	-0.004 3	-0.003 6	-0.003 6	-0.004 3	-0.009 8	-0.011 7	-0.012 8	-0.01 5	-0.014 7	-0.010 9	-0.006 2	-0.005 4	-0.008 4

6.4　北部湾水平衡

6.4.1　逐月水平衡计算结果

对北部湾海域,可不考虑 M 和 F 的影响,只有 P、R、U_i、E、U_0 作为主要平衡因子,具体计算结果列于表 6-6 中。

由表 6-6 中可以得出如下结果。

(1)全年平衡剩余量为 0.000 4×10^6 m^3/s,表示北部湾得到的水量。与北部湾口断面出水量相比,只相当于它的 0.6%。这是误差积累的一个小量。

(2)夏季(6、7、8 月),北部湾水平衡是"负值",表示海湾失去水量;冬季的 1、2 月和春季(3、4、5 月),水平衡为"零"和负值,但是负值量很小。仅秋季,北部湾水平衡是"正值",表示积累水量。全年水平衡过程曲线如图 6-13 所示。

表 6-6　北部湾逐月水平衡

（单位：$10^6 \ \mathrm{m}^3/\mathrm{s}$）

	1月	2月	3月	4月	5月	6月	7月	8月	9月	10月	11月	12月	年平均
1993	0.0027	-0.0040	0.0032	-0.0044	-0.0136	-0.0105	-0.0077	-0.0045	-0.0045	0.0092	0.0033	-0.0051	-0.0030
1994	0.0075	-0.0004	-0.0049	-0.0019	-0.0052	-0.0018	-0.0061	0.0021	0.0052	0.0065	0.0014	0.0054	0.0006
1995	-0.0002	-0.0007	-0.0086	-0.0003	-0.0036	-0.0049	-0.0034	-0.0089	0.0052	0.0096	0.0016	-0.0047	-0.0016
1996	-0.0014	-0.0142	-0.0063	0.0007	0.0069	-0.0022	-0.0151	0.0069	0.0010	0.0036	0.0060	-0.0146	-0.0024
1997	0.0044	-0.0018	-0.0007	-0.0136	-0.0013	-0.0036	0.0006	-0.0024	-0.0034	0.0079	-0.0062	0.0003	-0.0017
1998	0.0027	0.0005	-0.0119	-0.0065	-0.0053	-0.0068	-0.0158	-0.0144	-0.0087	0.0140	0.0010	0.0031	-0.0040
1999	-0.0003	-0.0003	-0.0012	0.0122	-0.0042	-0.0004	-0.0040	-0.0019	-0.0019	0.0025	0.0074	-0.0088	-0.0001
2000	0.0024	-0.0010	-0.0015	-0.0017	0.0133	0.0017	0.0051	0.0065	0.0025	-0.0005	0.0160	0.0041	0.0039
2001	-0.0005	-0.0011	0.0043	-0.0068	0.0043	0.0051	0.0034	0.0050	0.0002	0.0103	-0.0071	0.0017	0.0016
2002	0.0061	0.0046	-0.0083	-0.0004	-0.0123	0.0053	-0.0066	0.0087	-0.0061	0.0055	0.0021	0.0044	0.0003
2003	0.0048	0.0030	-0.0056	-0.0030	-0.0033	-0.0050	-0.0000	-0.0002	0.0025	-0.0001	0.0075	-0.0044	-0.0003
2004	-0.0008	0.0029	0.0000	0.0049	-0.0052	0.0025	0.0124	0.0001	-0.0005	0.0014	0.0015	0.0033	0.0015
2005	-0.0011	0.0027	-0.0054	0.0042	0.0021	-0.0065	-0.0009	-0.0026	0.0078	0.0237	-0.0038	-0.0117	0.0007
2006	0.0009	-0.0025	0.0073	0.0025	0.0082	-0.0002	0.0024	0.0060	0.0242	-0.0106	0.0052	0.0087	0.0043
2007	-0.0095	0.0115	-0.0073	-0.0007	0.0028	0.0022	-0.0042	-0.0016	0.0034	-0.0007	0.0134	-0.0050	0.0004
2008	-0.0006	-0.0093	0.0031	0.0078	0.0019	0.0030	-0.0025	0.0001	-0.0047	0.0078	0.0047	0.0013	0.0010
2009	-0.0097	0.0065	0.0058	0.0051	0.0014	-0.0042	-0.0017	0.0081	0.0069	0.0054	0.0050	0.0005	0.0024
2010	-0.0008	0.0007	0.0008	-0.0041	-0.0067	-0.0048	-0.0039	-0.0057	0.0017	0.0116	-0.0112	0.0108	-0.0010
2011	-0.0007	-0.0050	0.0022	-0.0010	0.0159	0.0024	-0.0006	-0.0079	0.0023	0.0099	0.0038	0.0048	0.0022
2012	-0.0056	-0.0037	0.0010	0.0076	0.0017	0.0049	-0.0057	0.0055	0.0010	0.0012	0.0091	0.0105	0.0023
平均	0.0000	-0.0006	-0.0017	0.0000	-0.0002	-0.0012	-0.0027	-0.0002	0.0017	0.0059	0.0030	0.0002	0.0004

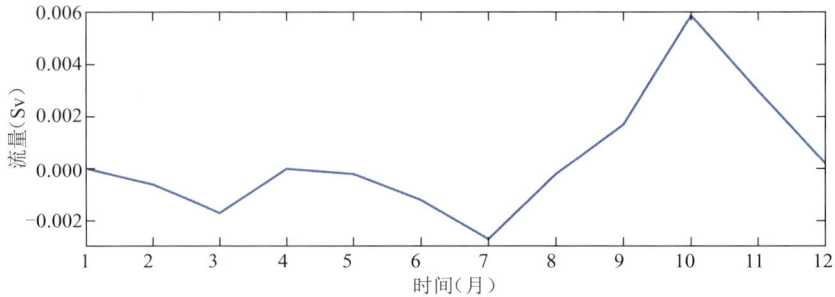

图 6-13　全年水平衡过程曲线

6.4.2 "失"与"得"会引起海平面变化

对于半封闭海域,进水量与出水量处于某种平衡态。多年平均,应该两者相等。但是,月与月之间,总有剩余或支出,即进水量与出水量之和,要么为正,要么为负。若为正,就会引起海面升高;若为负,海面就会降低。

北部湾就是半封闭海湾,它的逐月水平衡可以从岸边潮位观测站的海平面变化看得出来。图 6-14 是广西北海与涠洲岛 2006 年 12 月—2007 年 12 月实测逐月海平面变化以及相应年份计算的北部湾水平衡结果。

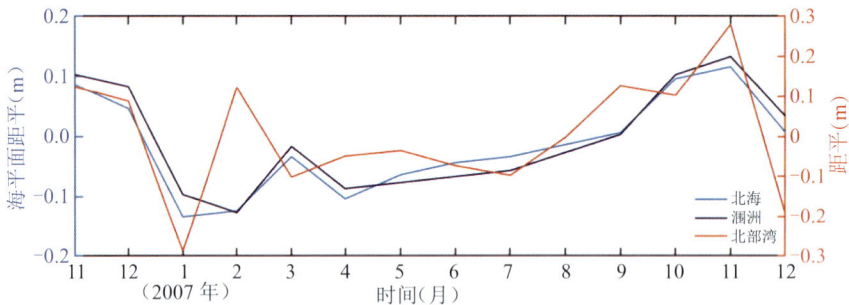

图 6-14　2006—2007 年北海、涠洲海平面距平与北部湾水平衡

由图中可以看出,它们之间有如下一些规律。

(1)两地的海平面变化规律基本一致,都是秋季与初冬(9、10、11、12 月)高;其他月份海平面较低。

(2)涠洲岛秋、冬季海平面低于北海,春、夏季则高于北海。这与北部湾的季风有关:北海与涠洲岛位于北部湾北部近岸区域,1、2 月盛行东北风,涠洲岛位于北海南面 49 km 处,所以海平面略高;春末及夏初盛行南风,湾内水体在岸边堆积,使得北海海平面高于涠洲岛。

(3)北部湾水平衡累积曲线与北海、涠洲岛海平面具有同样趋势:高值在 9、10、11、12 月,其他月份均为低值。

(4)东方站位于海南岛西侧,距湾口约 70 km。图 6-15 为东方站 30 年逐月平均海平面距平与模型 20 年平均的结果对比,可见北部湾内水平衡能较好反应东方站海面高度的变化:秋季(9、10、11 月)北部湾内水平衡为正,水体在湾内积累,湾内海面高度增加;其余季节北部湾内水平衡为负,水体流出海湾,海面高度下降。

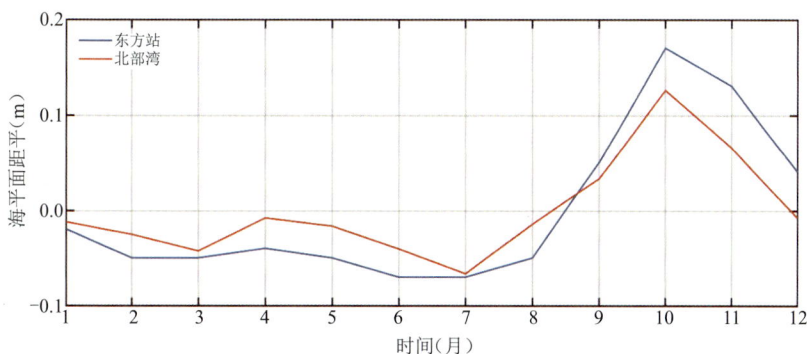

图 6-15　东方站 30 年逐月平均海平面距平与模型结果对比

6.4.3　中国海区海平面变化

(1)渤海。

龙口港位于渤海南岸,它的海平面变化如图 6-16 所示,可以看出,冬季海平面低,夏季 7、8 月海平面最高。这种变化趋势,可能是夏季水温增高及夏季南风驱动海水进入黄渤海引起增水所致。

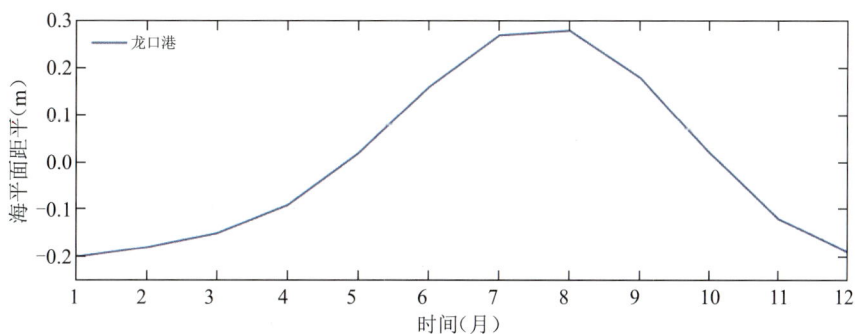

图 6-16　龙口港(37°41′N,120°13′E)月平均海平面变化

(2)黄海。

石岛港位于黄海西岸,它的海平面变化如图 6-17 所示,可以看出,它与龙口港完全相似:冬季海平面低,夏季 7、8 月海平面最高。这种变化趋势,同样是夏季水温增高及夏季南风驱动海水进入黄渤海引起增水所致。

(3)东海。

我们选择三沙站作为东海海平面分析的代表。图 6-18 是三沙海平面的年变化,可以看出,它与渤海、黄海是不一样的,与南海比较接近。

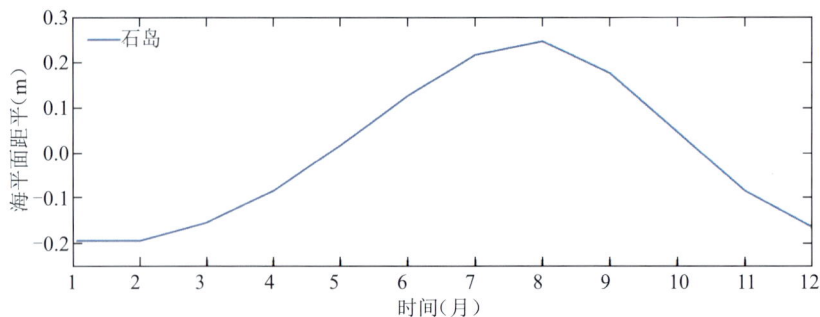

图 6-17　石岛(36°52′N, 120°26′E)月平均海平面变化

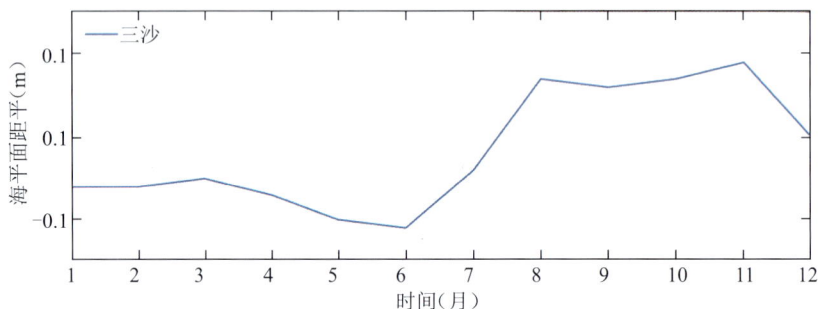

图 6-18　三沙(26°58′N, 120°10′E)海平面距平

为什么东海海平面会有如此特征？理论分析应该与9、10、11月水平衡有关。我们注意到9、10、11月通过台湾海峡流出南海进入东海的水量最少(表6-7)。

表 6-7　从南海流出台湾海峡的流量(Sv)[6]

	1月	2月	3月	4月	5月	6月	7月	8月	9月	10月	11月	12月	年平均
流量	0.977	1.015	1.096	1.195	1.171	1.164	1.175	1.003	0.669	0.416	0.507	0.778	0.931

参考文献

[1] 徐宇程,朱首贤,张文静,周林.长江大通站径流量丰平枯水年划分探讨[J].长江科学院院报,2018,35(6):19-23.

[2] 李士虎,吴建新,李庭古,朱明,郑伟.赤潮的危害、成因及对策[J].水利渔业,2003,6:38-39+54.

[3] 全先庆,曹善东.赤潮的危害、成因及防治[J].山东教育学院学报,2002,2:87-88+91.

[4] 李小敏,张敬怀,刘国强.涠洲岛附近海域一次红海束毛藻赤潮生消过程分析[J].广西科学,2009,2:188-192.

[5] 吴敏兰.北部湾北部海域营养盐的分布特征及其对生态系统的影响研究[D].厦门:厦门大学,2014.

[6] 蔡树群,刘海龙,李薇.南海与邻近海洋的水通量交换[J].海洋科学进展,2002,20(3):29-34.

第7章

北部湾季度代表月表层温度、盐度、叶绿素 a 与颗粒无机碳的遥感分析

7.1 北部湾季度代表月表层温度月平均分布

以 2007 年北部湾海域的表层温度（SST）分布为例（图 7-1），研究其规律。

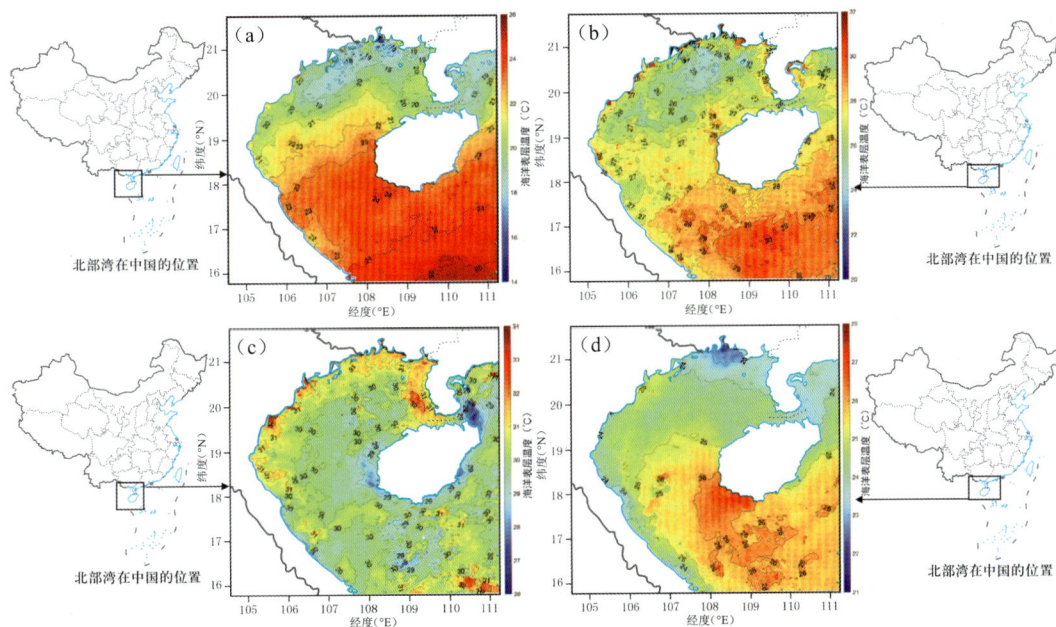

图7-1　北部湾及邻近海域四个季节代表月表层温度月平均分布
（a）冬季；（b）春季；（c）夏季；（d）秋季

7.1.1 冬季（2月）

北部湾海域的 SST 低温区在北、西北部，东从广西的铁山港起，西南直到越南红河口附近止，19 ℃等温线控制 20°N 以北近 1/2 的水域。次低温位于琼州海峡以西到涠洲岛附近，比西部低温区高 1 ℃左右；20°以南，温度基本为 20 ℃～23 ℃，以舌状向北延伸。

7.1.2 春季（5月）

整个海域水温提高 6 ℃ 左右，南北海域温差缩小 1 ℃ 上下，北部湾西部温度低于东部。温度分布态势由冬季南高北低型变为东高西低型，只是近岸浅海如海南岛西南部、雷州半岛西部和广西近海受太阳辐射增温影响，温度略高于外海。

7.1.3 夏季（8月）

北部湾海域 SST 分布较为均匀，一般为 30 ℃ 左右，水平温度梯度不明显。与春季相似，近岸浅海受太阳辐射增温影响，温度略高于外海，唯独海南岛西侧及西南沿岸带温度降低 1 ℃，与东部低温带形成环岛低温区。

7.1.4 秋季（11月）

整个北部湾海域的 SST 都有较大幅度下降，北部沿岸海域降幅为 6 ℃，南部水域降幅为 4 ℃～5 ℃，温度呈南高北低型。

7.2 北部湾季度代表月表层盐度月平均分布

北部湾海域的表层盐度（SSS）分布（图 7-2），基本受控于通过琼州海峡西进的低盐水和来自南部湾口的外海高盐水之间的进退，近岸部分则与入海径流有关。由于冬季 1 月与 2 月多云，无法取得盐度平均值，我们以 2006 年 12 月的平均盐度替代冬季。

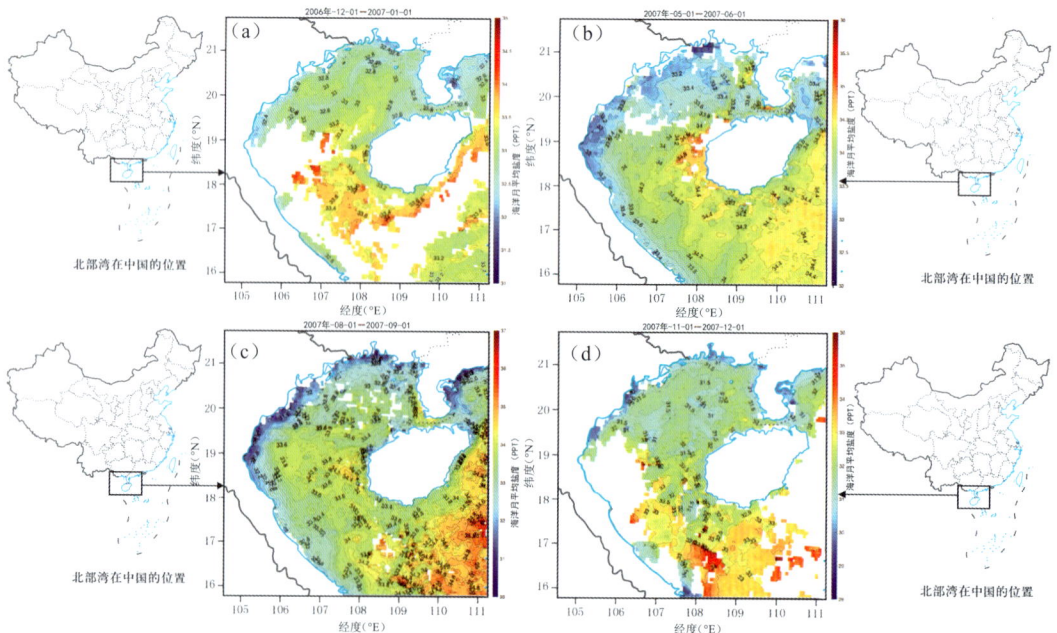

图 7-2　北部湾及邻近海域四个季节代表月表层盐度月平均分布
（a）冬季；（b）春季；（c）夏季；（d）秋季

7.2.1　冬季(12 月)

（1）来自粤西沿岸的低盐水（32.4 psu）通过琼州海峡进入北部湾。在来自湾口的相对高盐水顶托下,分成三个路径移动:

① 贴着海南岛西北部近岸向西南运动,一直到达昌江河口西面;

② 汇合广西近岸部分低盐水,从海湾中部向南／西南向扩散,到越南红河口东侧为止;

③ 广西近岸低盐水沿着越南沿岸向西南方向扩散。

（2）来自湾口的高盐水沿着海南岛西部向北运动,与来自琼州海峡的低盐水相遇后,以气旋式折转回外海。

（3）盐度分布特征的解释。

温度和盐度都与海水输运（余流）有关,特别是盐度。图 7-3 为与 2006 年冬季遥感盐度同月的表层和中层余流计算结果,特别是中层余流更能说明这种运动方式。可以看出,外海水可以北上到 20°N。与来自琼州海峡的低盐水相遇后,以气旋式折转向西,从海湾中部向南／西南向扩散;广西近岸低盐水,在北风和来自琼州海峡水的推动作用下向西扩散;只是,贴着海南岛西岸的南向流未模拟出来。这与低盐区沿岸径流入海有关。

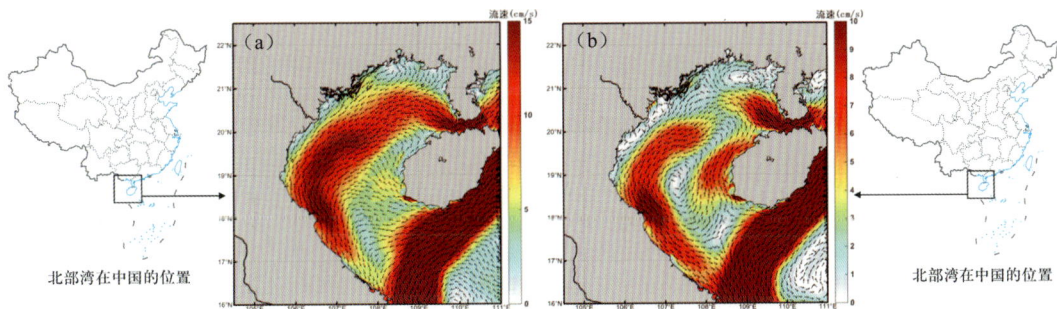

图 7-3　模拟的 2006 年 12 月北部湾表层（a）和中层（b）余流

7.2.2　春季(5 月)

2007 年春季（5 月）,北部湾北部（20.5°N 以北）基本由来自琼州海峡和广西径流的低盐水控制。越南近岸受径流影响,低盐水明显扩大。特别要指出的是,在红河口北部有一个低盐舌向东南方向延伸。总体看来,高盐水主要分布在中、东部。

盐度这种分布态势与当月余流有关。图 7-4 为与 2007 年春季遥感盐度同月的表层和中层余流计算结果,特别是表层余流更能说明这种运动方式。从图 7-4a 可以看出,外海水沿海南岛西侧可以北上到 20°N 附近,洋浦港西缘高盐水与其有关;北部湾口偏西的高盐舌也与此处自东南指向西北的气旋流涡有关;广西和越南近岸低盐水则与近岸入海径流有关。

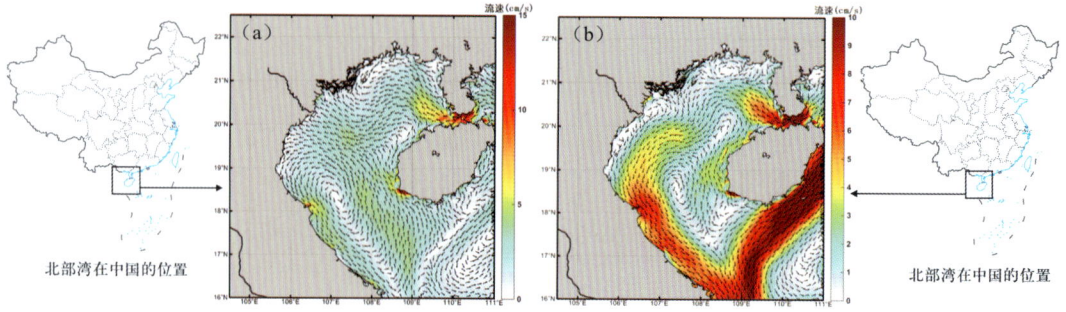

图 7-4　2007 年 5 月北部湾表层（a）与中层（b）环流

7.2.3　夏季（8 月）

夏季代表月（8 月）表层盐度分布基本特点：沿岸受夏季降雨导致径流增多的影响，低盐区扩大且其值降到一年中最低；红河口有一个低盐舌向东南方向延伸；其余大部分水域被较高盐度的外海水盘踞。这些特点也可以由图 7-5 北部湾夏季余流所证实。

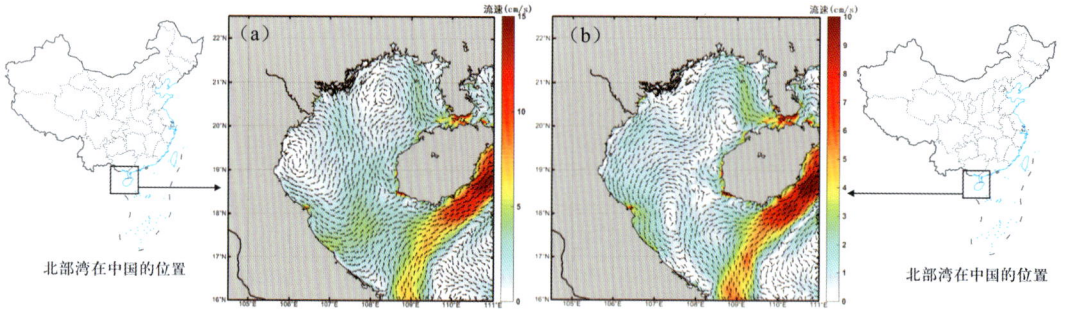

图 7-5　2007 年 8 月北部湾表层（a）与中层（b）环流

7.2.4　秋季（11 月）

秋季代表月（11 月）表层盐度分布基本特点：外海相对高盐水，从海南岛西侧可以直达琼州海峡西口。从图 7-1d 中可以看出，盐度为 32 psu 的等盐线占据琼州海峡西口的较大范围，成为西口高盐水的来源。因为，从琼州海峡东口西流的海水盐度均低于 32 psu（只有 31 psu）。不仅如此，这股高盐水在北上途中，不断以气旋式回流向湾中间扩散。从图 7-6 中可以看出，海流的作用是明显的。

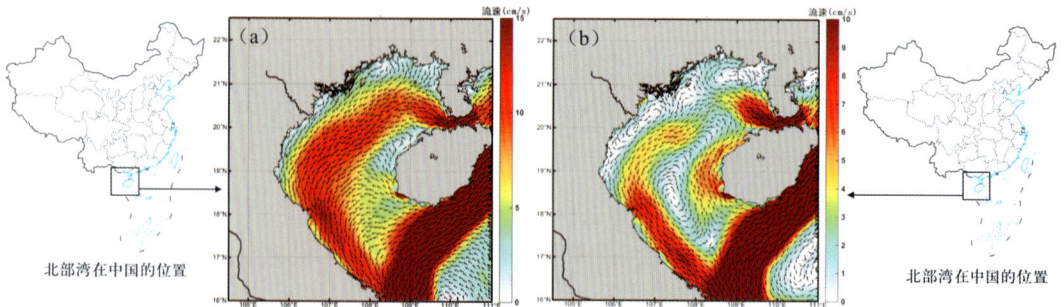

图 7-6　2007 年 11 月北部湾表层（a）与中层（b）环流

7.3　关于北部湾水团划分

7.3.1　历史上划分

历史上主要根据 1962 年中越联合调查结果,将北部湾划分为 5 个水团(图 7-7)。

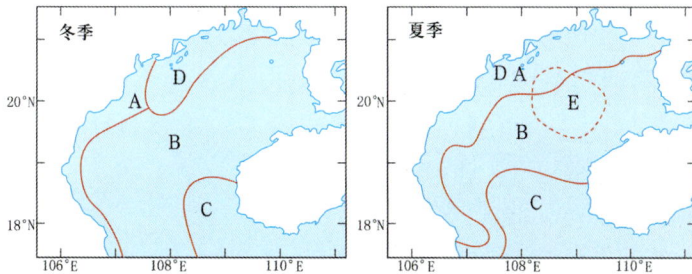

图 7-7　北部湾水团

(1)沿岸水团(A)。

沿岸水团主要出现在湾西、湾北的沿岸,是由江河冲淡水与海水混合而成,特点是盐度低(< 32 psu,水平梯度大),盐度的区域变化和年际变化较大。冬季具有低温特征,海水呈垂向均匀状态,主要出现在红河口外—清化—洞海一带,范围小,呈狭窄带状分布。夏季,沿岸水团具有高温特征,且有层化现象。

(2)外海水团(C)。

外海水团系指南海水终年由南部湾口中央及东侧侵入北部湾的海水,是北部湾盐度最高的水团。通常盘踞在深层,只有冬季和初春才上升至表层。

(3)混合水团(B)。

混合水团的水文特性介于沿岸水团和外海水团之间,具有过渡水性质。其分布在湾的中部广大海域,北界是沿岸冲淡水和湾西北冷水。

(4)湾西北冷水团(D)。

湾西北冷水团是由湾北冲淡水在东北季风作用下沿北部湾西北岸运移过程中形成的,只出现在冬季,盘踞在拜子龙群岛以东的狭小地带。由于那里深度较浅,冷却最盛,温度最低;而盐度在运移过程中,与其他水团混合而逐渐增盐。

(5)湾中底层冷水团(E)。

湾中底层冷水团出现在 4 月,6 ～ 7 月最强,9 月消失,持续时间 5 个月左右。其大体位置在白龙尾岛东北或以东海域的深谷之中。该水团以低温、低盐为特征,并有温差大、盐差小的特点。在冷水团的上方 20 ～ 30 m,出现强的温跃层。在冷水团周围,特别是东侧,有强的温度锋出现。这个冷水团是冬季北部湾中部低温、低盐混合水,在春末初夏温跃层形成后被搁置在深谷中形成的。1962 年,这个冷水团并不明显,而 1960 年和 1994 年,北部湾底层冷水团极为显著。

7.3.2 对历史划分的修正

在过去的研究中,琼州海峡的水交换被严重低估。最近20年,由于观测资料增多和计算方法的不断完善,通过琼州海峡进入北部湾的水通量才逐渐被人了解。

在充分考虑琼州海峡水输运量之后,我们计算了多年平均温度和盐度分别绘于图7-8和图7-9中,可以看出:来自琼州海峡的南海水,冬、秋季主要是粤西沿岸水,具有低盐特征;春、夏季来自海南岛东部北向沿岸流,其中上升流形成的低温、高盐水,也明显体现在琼州海峡的西向水体中。

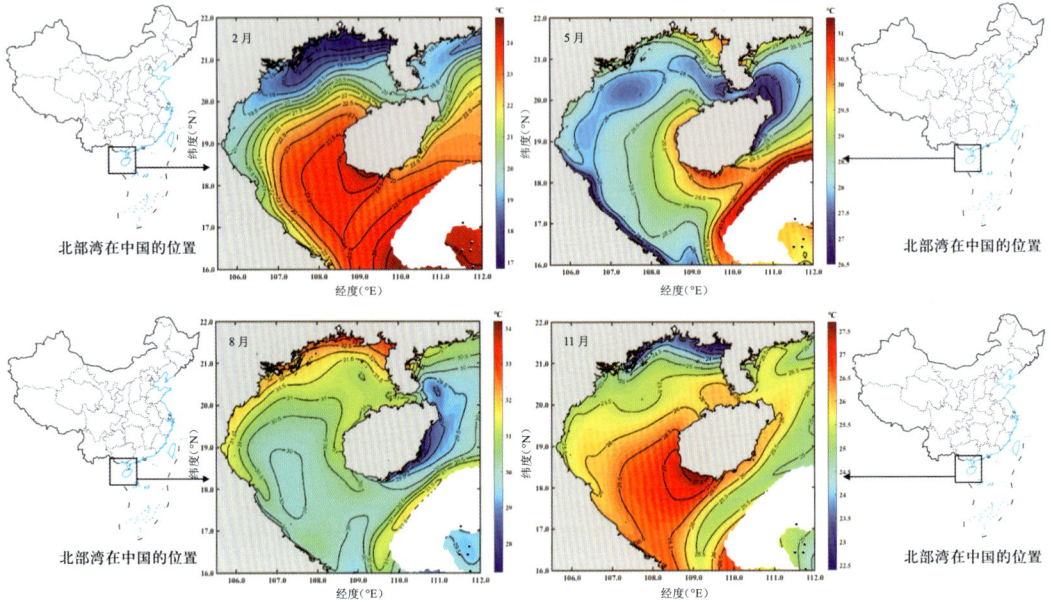

图7-8　北部湾表层平均温度(1993—2012年)

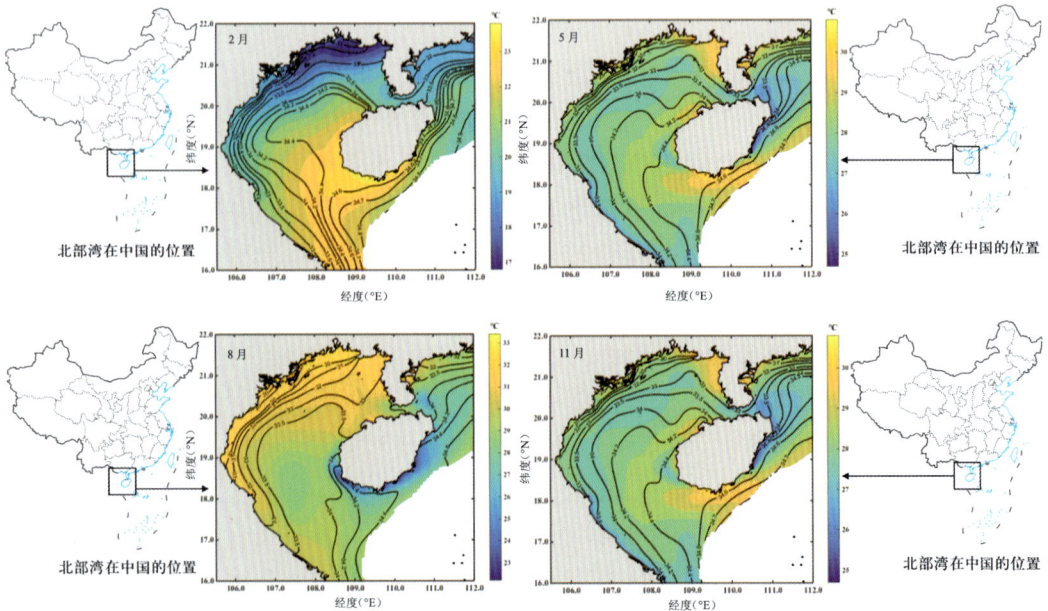

图7-9　北部湾表层平均盐度(1993—2012年)

因此,我们建议北部湾水团可以进行如下划分。

(1)沿岸水团(A)。

沿岸水团主要出现在湾西、湾北的沿岸,是由江河冲淡水与海水混合而成,特点是盐度低,盐度的区域变化和年际变化较大。冬季,沿岸水团具有低温特征,而夏季具有高温特征。

(2)外海水团(C)。

外海水团系指南海水终年由南部湾口中央及东侧侵入北部湾的海水,是北部湾盐度最高的水团。

(3)琼州海峡水团(Q)。

该水团主要集中在涠洲岛以东区域,受来自湾口的南海水的顶托,在涠洲岛附近形成很强的锋面。在冬、秋季,受北部湾气旋环流影响,琼州海峡水团在北部湾的扩散路径有很大改变。

(4)混合水团(B)。

混合水团水文特性:冬、秋季介于琼州海峡水团和外海水团之间;春、夏季介于沿岸水团和外海水团之间,具有过渡水性质。冬季,混合水团盐度为 34.2 ~ 33.0 psu;春季,混合水团盐度为 34.0 ~ 33.0 psu;夏季,混合水团盐度为 33.0 ~ 32.0 psu;秋季,混合水团盐度为 34.2 ~ 33.0 psu。

(5)湾中底层冷水团(E)。

根据我们计算,它出现在 4、5 月,6 月开始移出湾的中部(图 7-10)。是否能叫冷水团,对此可以讨论。

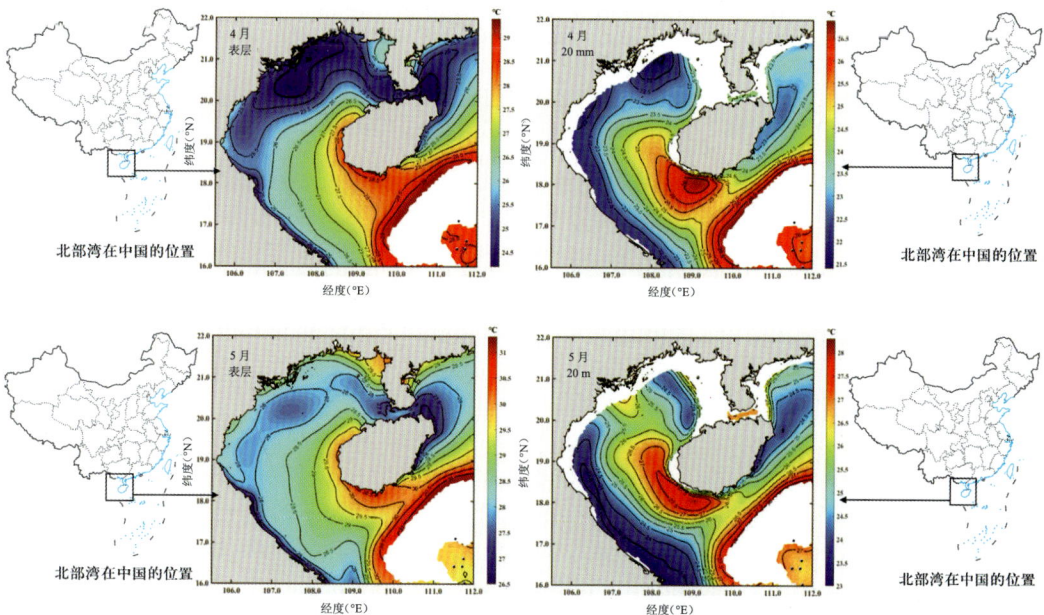

图 7-10(1)　4、5、6 月北部湾表、20 m 层温度对比

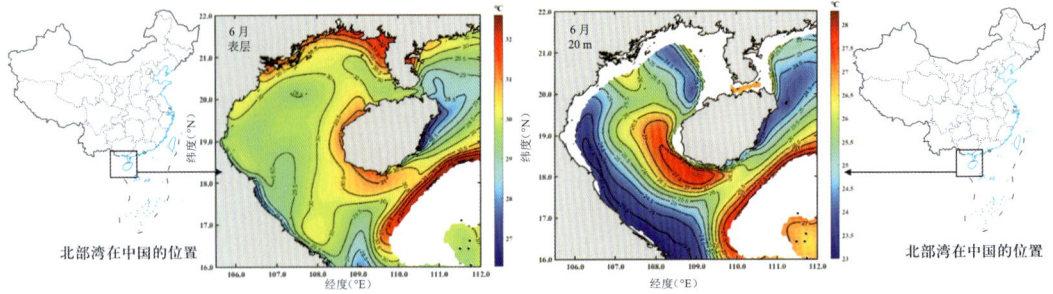

图 7-10（2）　4、5、6 月北部湾表层与 20 m 层温度对比

7.4　叶绿素 a

7.4.1　叶绿素 a 分布特征

海洋初级生产力主要贡献者是海洋自养生物,而海洋自养生物进行光合作用的过程需要的主要色素是叶绿素 a（Chl-a）。海洋浮游植物的数量决定了 Chl-a 的含量,因此,也用 Chl-a 来衡量浮游植物的现存量,把它作为一项重要的生物学指标。对 Chl-a 浓度时空变化特征进行研究,可以为渔业资源及环境保护等的研究提供重要的参考。

北部湾是一个半封闭的海湾,海底平坦,自西北向东南倾斜。沿岸众多大小河流入湾,携带大量的陆源营养物质,为北部湾光合浮游生物的生长繁殖提供丰富的基础物质。

我们利用卫星遥感资料,绘出 2007 年四个季度代表月的海面平均 Chl-a 浓度分布（图 7-11）,由图中可以看出如下分布规律。

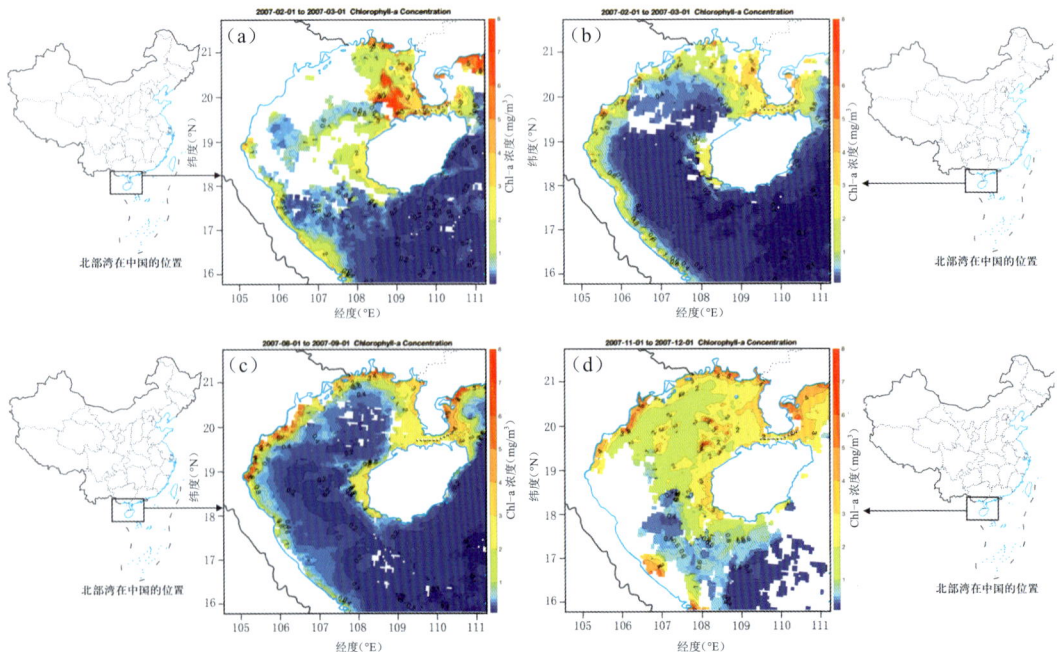

图 7-11　北部湾及邻近水域 2007 年 2 月（a）、5 月（b）、8 月（c）、11 月（d）表层平均 Chl-a 浓度分布

（1）冬季（2月），北部湾 Chl-a 高浓度区域，主要分布在琼州海峡、雷州半岛西部、海南岛西南部、广西及越南沿岸区域。Chl-a 最高值为 $4 \sim 5\ mg/m^3$，分别出现在琼州海峡西口和广西钦州湾口、廉州湾口一带；低值区则主要位于观测海区中部的远岸深水区。由于部分海区缺测，我们还无法确定外海 Chl-a 分布特征。

（2）春季（5月），由于缺测区域较少，更能看出 Chl-a 分布规律：高浓度基本分布在北部湾 30 m 等深线以浅的水域。与冬季相比，琼州海峡西口和广西钦州湾口、廉州湾口一带最高值有所降低。特别是在越南红河口有一个伸向东南、呈舌状的 Chl-a 较高值区，它是红河径流入海所致。但是，在海南岛东南方沿海，也有一个舌状的 Chl-a 较高值向西延伸，它不是由昌江径流引起的，而是海流扩散的结果。

（3）夏季（8月），Chl-a 和春季分布相似，其中，北部湾北部高值区进一步收缩，退到 20 m 等深线以浅区域。同样，在越南红河口有一个伸向东南、呈舌状的 Chl-a 较高值区，它是红河径流入海所致。与春季相比，它延伸得更远。并且，在海南岛东南方沿海，也有一个舌状的叶绿素较高值向西延伸，它与图 7-2 中 8 月平均余流运动方向是一致的。

（4）秋季（11月），表层 Chl-a 浓度高值区几乎占据北部湾大部分区域。这与春季、夏季显著不同。特别要指出的是，海南岛西南部水域 Chl-a 浓度升高，成为这四个季度代表月中最高者。

7.4.2　叶绿素 a 分布与锋面和上升流

He 等[1] 利用多年积累的现场观测和卫星遥感数据，针对南海西部中尺度涡特征及其对 Chl-a 分布的影响进行了分析。结果发现，该海域夏季反气旋涡的数量和强度均明显大于气旋涡。反气旋涡内强烈的辐聚下沉运动使真光层内营养盐浓度降低，浮游植物的生长受到抑制，表层、次表层 Chl-a 浓度最人值层乃至整个真光层内垂向积分的 Chl-a 浓度均出现不同程度的降低（最高达 54%）。该扰动幅度明显强于气旋涡内 Chl-a 浓度升高的幅度。

由北部湾东部海域观测结果可知，表层 Chl-a 高值区出现在雷州半岛以西和海南昌化与东方港西部的近岸海区。近岸浅水区 Chl-a 浓度垂向分布比较均匀，上下各层变化幅度小于深水区，表层平均浓度低于以下各采样层，随着深度增加，平均浓度增长；在湾中部的深水区，20 ~ 30 m 水层为温跃层区，20 m 层以浅水体 Chl-a 浓度低，变幅较小；跃层之下的 Chl-a 浓度高，变幅大，30 m 和 50 m 层的浓度比 20 m 以浅水层分别高 2.6 倍和近 4 倍，50 m 层的浓度与仅 2 个数据的近岸区相同，各水层均以 Nano+Pco 级份的贡献占优势，在不同水层其贡献为 69% ~ 89%，平均为 77%。随着琼州海峡（水深大于 70 m）海流向西运行，在开阔处遇到地形凸起，使低温、低盐的海峡底层水西行受阻，向上涌升。上升流区营养盐丰富，现存生物量和初级生产力均处于较高水平[2]。

我们的研究结果表明，北部湾的 Chl-a 高值区都是在近岸上升流区。

（1）冬季。

图 7-12 是 2007 年 2 月北部湾及其邻近海域底层与垂向平均环流。我们之所以用底层环流和垂向平均环流作为研究手段，就是基于在北部湾这样半封闭的浅水域，一个完整的气旋涡或反气旋涡是很难形成的。但是，水体的向岸流动受到海岸阻滞而上升，这是不争的事实。垂向平均环流图（图 7-12b）是作为参照的，从中很难看到气旋涡或反气旋涡的存在。

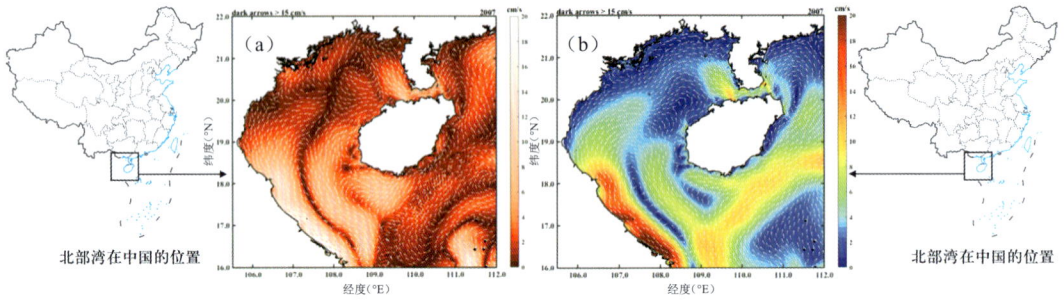

图 7-12　2007 年 2 月北部湾及邻近海域底层（a）与垂向（b）平均环流

从图 7-12a 中可以看出，广西近岸存在大范围上升流区域；涠洲岛附近是来自湾口的外海水与来自琼州海峡的南海水的辐合交汇处，形成很强的锋面。这里营养盐最为丰富，Chl-a 浓度最高。海南岛西南部近岸水域是 Chl-a 高浓度区，与岬角地形有关。从模拟结果可以看出，那里的海流比较混乱。

（2）春季。

图 7-13 是 2007 年 5 月北部湾及其邻近海域底层与垂向平均环流。

从图 7-13a 中可以看出，广西近岸存在大范围上升流区域；涠洲岛附近是来自湾口的外海水与来自琼州海峡的南海水的辐合交汇处，形成很强的锋面。不过，由于春季南风增强，来自湾口的南海水势力也增加，将涠洲岛锋面向岸推进数千米。这里 Chl-a 浓度最高。海南岛西南部近岸水域依旧是 Chl-a 高浓度区。从模拟结果可以看出，岬角余流更加清晰。

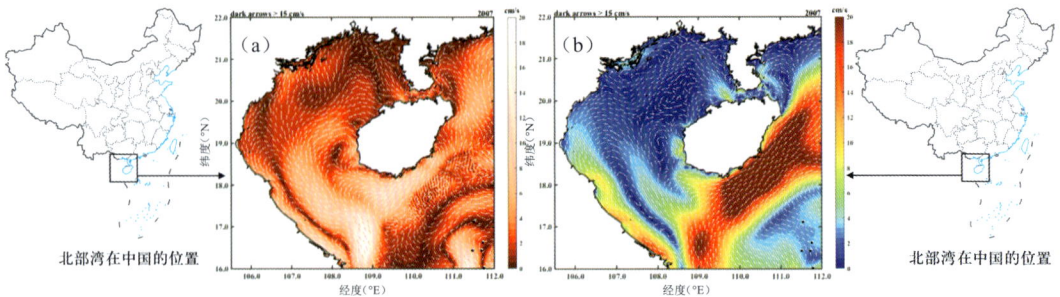

图 7-13　2007 年 5 月北部湾及邻近海域底层（a）与垂向（b）平均环流

（3）夏季。

图 7-14 是 2007 年 8 月北部湾及其邻近海域底层与垂向平均环流。

从图 7-14a 中可以看出,广西和越南近岸存在大范围上升流区域;涠洲岛附近的锋面依旧强势。不过,由于夏季南风最强,来自湾口的南海水势力也大大增加,将涠洲岛锋面继续向琼州海峡西口推进,Chl-a 高浓度范围进一步缩小。海南岛西南部近岸水域仍是 Chl-a 高浓度区。

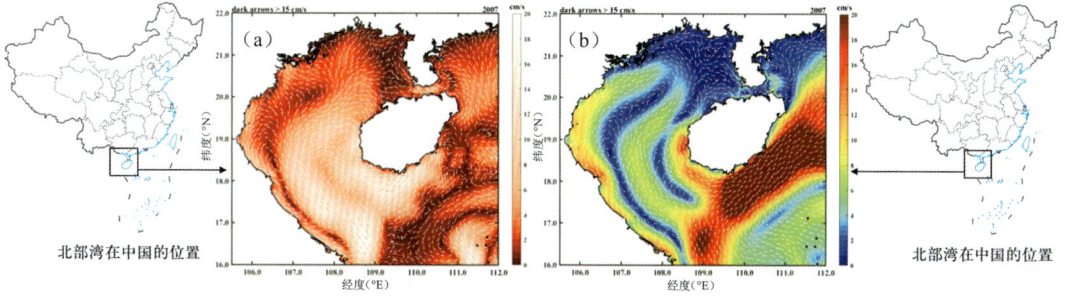

图 7-14　2007 年 8 月北部湾及邻近海域底层(a)与垂向(b)平均环流

(4)秋季。

图 7-15 是 2007 年 11 月北部湾及其邻近海域底层与垂向平均环流。

从图 7-15a 中可以看出,广西和越南近岸存在大范围上升流区域;由于秋季南风减弱、北风增强,来自湾口的南海水势力也相应减弱,涠洲岛附近的强锋面开始离岸向西扩展,Chl-a 高浓度范围也大大扩展。海南岛西南部近岸水域仍是 Chl-a 高浓度区,与那里的岬角地形有关。

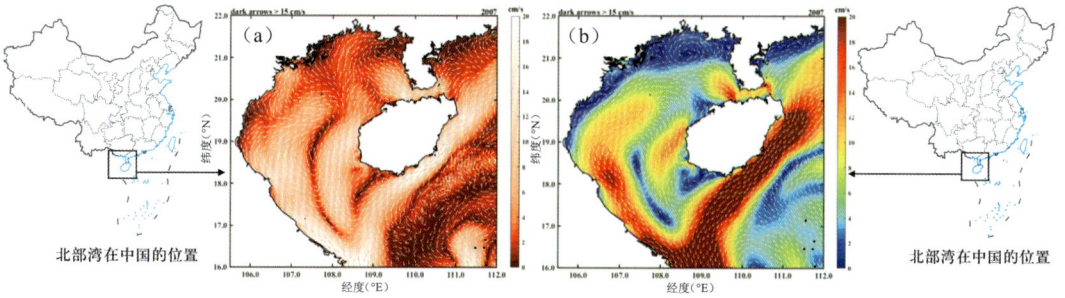

图 7-15　2007 年 11 月北部湾及邻近海域底层(a)与垂向(b)平均环流

7.5　颗粒无机碳

碳是重要的生源要素,是承载生命活动能流、物流中主要的元素,几乎所有的生物地球化学循环过程都与它有关。

河流碳通量是构成全球碳循环的一个重要环节,它连接海洋和陆地生态系统。例如,黄河是我国的第二大河,每年向陆架边缘海输送溶解无机碳 1.67×10^6 t,输送颗粒无机碳 1.5×10^7 t。河口颗粒无机碳主要来源于河口外源碳酸盐和自生碳酸盐。外源碳酸盐,是指地表径流通过冲刷、侵蚀等作用使陆地上的碳酸盐岩发生岩溶作用,并经过河口进入海洋中;河口自生碳酸盐包括河口无机化学沉淀产生的碳酸盐和生物壳体碳酸盐以及少量沉积物埋藏后早期成岩作用产生的碳酸盐。

7.5.1　区域分布特点

北部湾颗粒无机碳浓度具有明显的季节性变化及年际变化特征。从图 7-16 中可以看出如下特点。

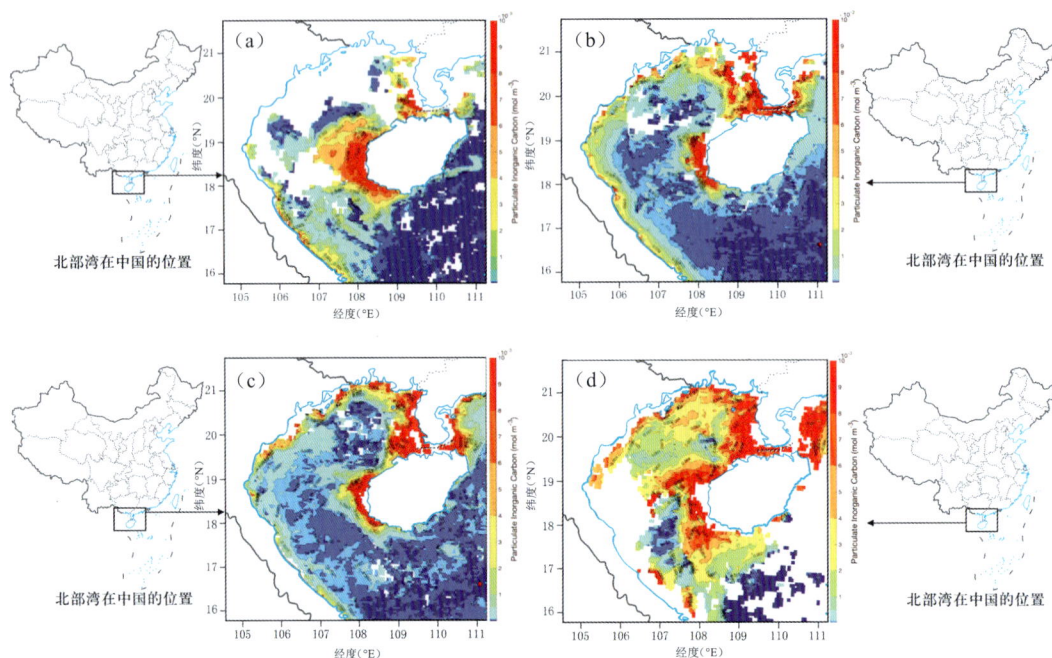

图 7-16　北部湾及邻近水域 2007 年 2 月(a)、5 月(b)、8 月(c)、11 月(d)表层月平均颗粒无机碳

北部湾颗粒无机碳浓度呈现近岸河口区高、海湾中央低的特征,尤其是琼州海峡、雷州半岛西侧和海南岛西南部沿海地区(北从东方市起,绕过莺歌海,向东直到三亚止)的颗粒无机碳浓度明显高于其他区域。

7.5.2　季节变化特征

(1)冬季北部湾颗粒无机碳浓度普遍较高,北部湾颗粒无机碳浓度呈现近岸高、海湾中央低的特征,尤其在雷州半岛和海南岛西部沿海地区的颗粒无机碳浓度明显高于其他区域;受云层遮盖,北部湾北部看不出颗粒无机碳的情况。而海湾中央海域的颗粒无机碳浓度分布基本一致。

(2)春季相对于冬季,北部湾颗粒无机碳浓度普遍明显降低,整个海域的颗粒无机碳浓度基本达到全年的最低值,只有雷州半岛西面稍有提高。海南岛西部海域的颗粒无机碳高值区基本消失;在北部湾周边近岸海域,颗粒无机碳浓度也有明显的降低,整个北部湾颗粒无机碳浓度高值区范围明显缩小,在海南岛东南部颗粒无机碳浓度也降到最低,仅为 0.002 mg/m^3 左右。

（3）夏季北部湾大部分海域颗粒无机碳浓度较春季有所上升,只是在雷州半岛西部的沿岸区略有降低。北部湾北部的沿岸区及海南岛西部沿岸地区有所增加,海南岛西南部沿岸区域的颗粒无机碳浓度显著提高,而在北部湾中央海域的颗粒无机碳浓度却有一定程度的降低。

（4）秋季相较于春、夏两季,几乎整个北部湾海域的颗粒无机碳浓度都有显著提升。雷州半岛西部沿岸及海南岛西部沿岸海域颗粒无机碳浓度和高值区范围都有所增大。此时雷州半岛西部沿岸颗粒无机碳浓度区域平均也达到最大值。除北部湾西北部沿岸区域颗粒无机碳浓度有所降低外,较高的颗粒无机碳浓度范围均显著增加[3]。

总体来看,北部湾平均颗粒无机碳高值区是广西近海、琼州海峡及东西两侧、海南岛西南部近海海域。而区域内径流量最大的红河河口却没有表现出高浓度特征。

河流是连接海洋和陆地两大碳库的纽带,其碳通量是全球碳循环的重要环节。根据朱先进等[4]的研究成果,1965—2005 年,中国河流入海颗粒态碳通量平均为29.57 TgC/yr,占河流入海碳通量的 42%,其中有机碳占 36.02%,无机碳占 63.98%,长江、黄河和珠江的颗粒态碳通量占全国河流入海颗粒态碳通量的 96.25%。珠江的颗粒态碳通量是长江的 29%。

广西近海、琼州海峡及东西两侧的高浓度值,与珠江径流有关。至于海南岛西南端外海大范围的高值区出现,与海南岛入海的昌化江径流、海岸地形和海南岛东部边界流携带的颗粒物质有关:冬季与秋季,海南岛东部边界流自北向南,一部分从海南岛南部进入该海域。这就是冬季与秋季颗粒物质高浓度范围扩大的原因。

参考文献

[1] He Q, Zhan H, Cai S, et al. Eddy-induced near-surface chlorophyll anomalies in the subtropical gyres:Biomass or physiology？[J]. Geophysical Research Letters, 2021, 48:e2020GL091975.

[2] 刘子琳,宁修仁,蔡昱明.北部湾浮游植物粒径分级叶绿素a和初级生产力的分布特征[J].海洋学报:中文版,1998,20(1):50-57.

[3] 林丽贞,陈纪新,刘媛,等.东、黄海典型海区分粒级浮游植物 Chl-a 的周日波动及影响因子[J].台湾海峡,2007,26(3):342-350.

[4] 朱先进,于贵瑞,高艳妮,等.中国河流入海颗粒态碳通量及其变化特征[J].地理科学进展,2012,31(1):118-122.

琼州海峡水通量与北部湾东部珊瑚礁白化的相关性研究

8.1 北部湾东部珊瑚礁生态环境

珊瑚礁生态系统是海洋中生产力水平极高的生态系统之一,被称为"热带海洋沙漠中的绿洲""海洋中的热带雨林"。珊瑚礁主要分布在南、北半球海水平均温度 20 ℃ 的等温线内,这是由于形成珊瑚礁的造礁石珊瑚对海水水温有着严格要求,多数造礁石珊瑚生活的适宜水温范围是 20 ℃～30 ℃。其易受外界环境变化的影响,也是一个相对脆弱的生态系统。近 20 多年来,世界范围内珊瑚礁生态系统都处于严重退化中,几乎所有发育珊瑚礁的海域都出现了珊瑚礁大量死亡、白化现象,珊瑚礁生态系统严重退化的报道。同样,北部湾涠洲岛、徐闻等地也出现类似报告[1-5]。

北部湾东部海域,包括海南岛东方站以北沿海、广东徐闻西南沿海和广西涠洲岛附近海域,发育了典型的全新世(6 000 万年前)珊瑚岸礁(图 8-1)。从南海珊瑚礁的分布上,北部湾的岸礁是大陆沿岸(不受暖流影响)纬度最高的珊瑚礁,被称为"高纬度珊瑚礁"或"边缘珊瑚礁",是对气候变化极为敏感的区域之一。从渔业和旅游业等社会经济角度上,该海域的珊瑚礁极具保护价值[6-9]。

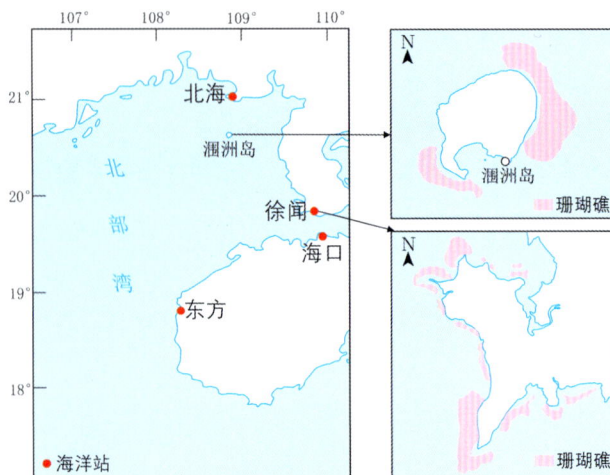

图 8-1　北部湾东部珊瑚礁分布[10]

1965 年以来,涠洲岛年平均 SST 的波动上升趋势明显,涠洲岛最高月平均海表温度、年平均海表温度、年平均气温和最低月平均海表温度(图 8-2)呈线性上升趋势:其上升速率分别为(0.05 ℃、0.11 ℃、0.1 ℃和 0.26 ℃)/(10 a),特别是月平均最低 SST 显著上升。SST 的多年最高月平均海表水温为 31.2 ℃,多年最低月平均海表温度为 14.1 ℃,但极端高、低水温持续时间很短[11][12]。

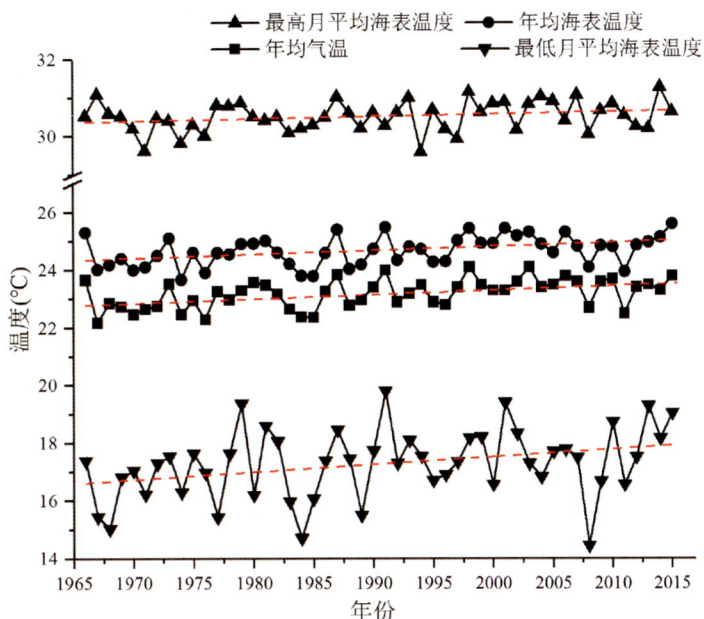

图 8-2　涠洲岛海表温度统计值

珊瑚的斑斓色彩是由体内不同种类虫黄藻的颜色而决定,它们与珊瑚互惠共存:珊瑚虫代谢为其提供光合作用必需的二氧化碳、氮和磷,虫黄藻则通过光合作用为珊瑚补充能量。当温度、盐度等环境因素发生异常变化时,虫黄藻可能会离开珊瑚或者直接死亡,此时珊瑚就会呈现出白色,俗称“白化”。如果环境在短期内可以得到改善,虫黄藻有可能重新回到珊瑚中生长,珊瑚礁生态系统便有可能逐渐恢复正常功能。反之,珊瑚有可能死亡,甚至发生品种退化。

涠洲岛海水可见光弱,造成珊瑚分布范围大致围于 5 m 等深线以浅的海区。北、东、西三面珊瑚,生长在 1～12.5 m 深度内,最佳深度 3～8 m。岛屿周围的珊瑚礁生态系统很容易受到极端气温和人类活动的影响。

8.2　北部湾及邻近水域多年平均温度(1993—2012 年)

为了研究海水温度与珊瑚礁白化的关系,我们通过数值计算方法,采用“908”专项四个季度大面调查温度作为校核和验证依据,计算了北部湾及毗邻海域不同层次的温度分布。图 8-3 中我们仅给出北部湾及邻近海域 5 m 层 20 年平均温度场,以此说明其温度的分布特征。

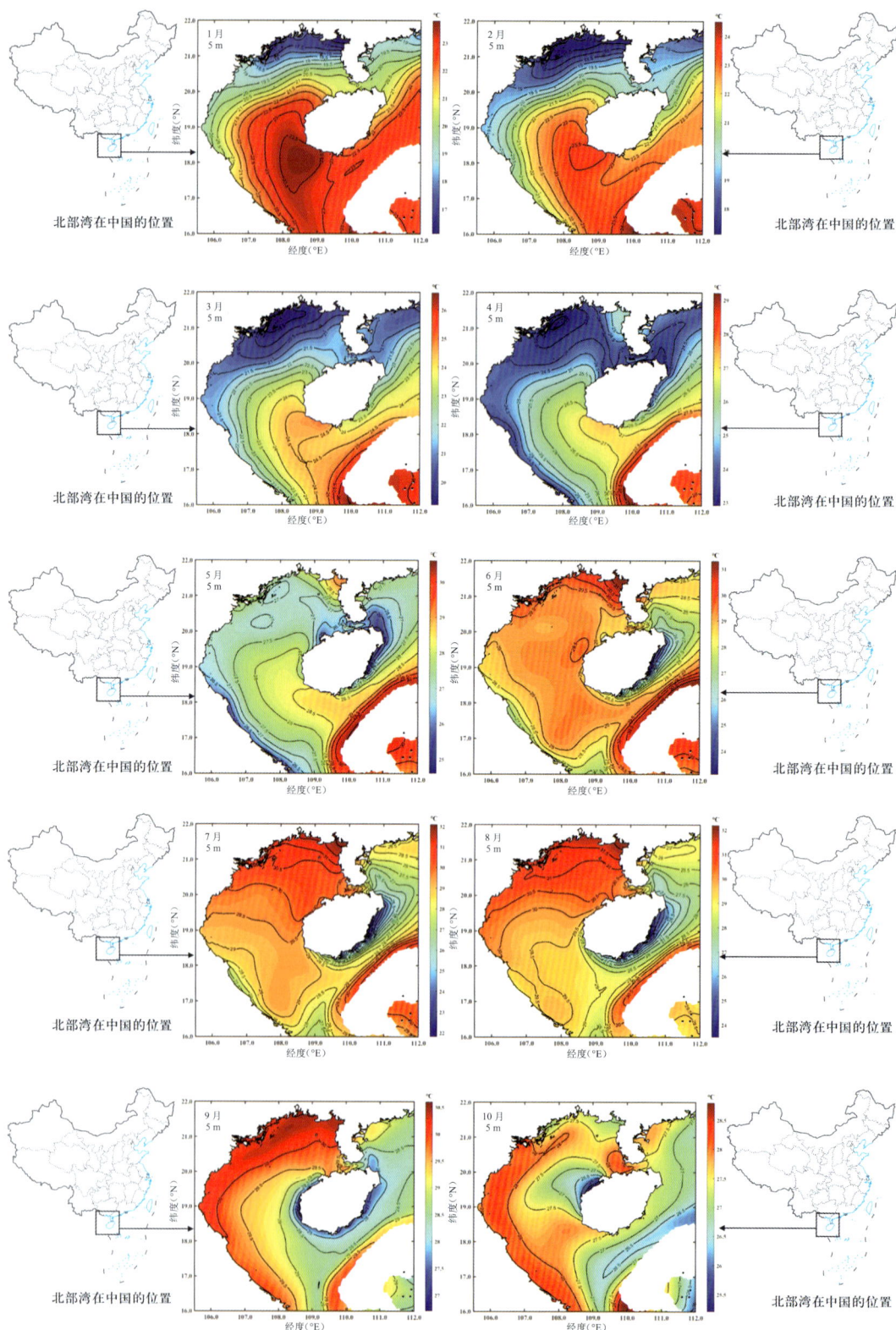

图 8-3（1）　北部湾 5 m 层水体月平均温度场（1993—2012 年）

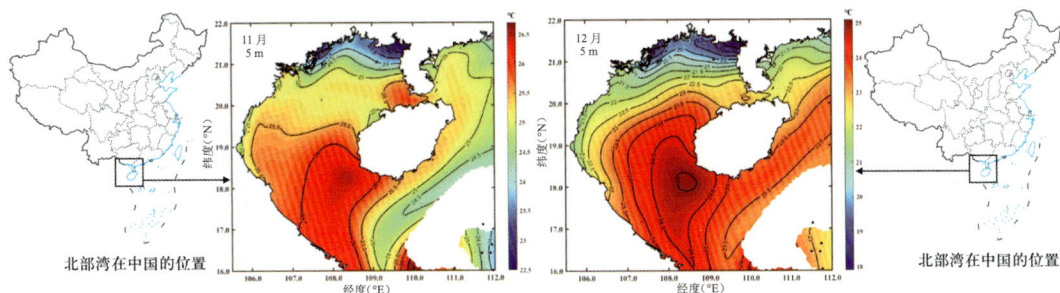

图 8-3（2）　北部湾 5 m 层水体月平均温度场（1993—2012 年）

从图 8-3 中可以看出如下结果。

（1）冬、春季（11、12、1、2、3、4 月），北部湾北部水域温度低于南部。它主要受湾口的南海水进入增温（水温略高于湾内）、北部沿岸浅水降温和来自琼州海峡的略低水温的影响。根据数值计算，6 个月中，通过琼州海峡进入北部湾的月平均水量为 0.081 0×10^6 m^3/s（表 6-1）。

（2）夏、秋季（5、6、7、8、9 月），北部湾北部水域温度高于南部。它主要受沿岸浅水增温和来自琼州海峡的略低水温减少的影响。根据数值计算，6 个月中，通过琼州海峡进入北部湾的月平均水量为 0.022 2×10^6 m^3/s（表 6-1），只有冬、春季的 27%。

（3）10 月，南北均一，27.5 ℃～28.5 ℃水体占据北部湾大部分水域。

8.3　琼州海峡水量输运与涠洲岛珊瑚礁白化事件的关联性分析

8.3.1　1998 年"热白化"事件

1998 年，涠洲岛海域受到热浪（温度持续升高）袭击，水温比往年升高 2℃[10]，有 20 多种珊瑚白化，称为"热白化"，至 1999 年 2 月，才基本恢复到原来的状况[2]。

（1）数值模拟结果。

与图 8-3 中 20 年平均的夏季温度对照，1998 年 8 月的涠洲岛海域 5 m 层温度升高 0.5 ℃，达到 31.5 ℃，超过正常生态允许的 31 ℃，从而影响珊瑚礁的生态，发生珊瑚礁白化的现象。

（2）原因分析。

1998 年，琼州海峡夏季（6、7、8 月）水量输运全是"负"值（表 8-1）。

表 8-1　1998 年通过琼州海峡逐月进入（正值）或者输出（负值）水量　　（10^6 m^3/s）

	1 月	2 月	3 月	4 月	5 月	6 月	7 月	8 月	9 月	10 月	11 月	12 月	年平均
1998 年	0.092 2	0.073 3	0.039 1	0.013 0	0.055 4	-0.003 0	-0.055 5	-0.046 5	0.062 7	0.124 3	0.118 9	0.126 6	0.050 0
平均	0.093 1	0.072 6	0.053 4	0.040 7	0.040 2	0.000 9	-0.000 3	0.014 0	0.074 2	0.116 6	0.114 6	0.111 7	0.061 0

"负"值表示北部湾水体通过琼州海峡离开北部湾进入粤西水域。进入粤西水量平

均速率为 -0.035 0×10⁶ m³/s，与多年平均值 0.004 9×10⁶ m³/s（进入北部湾的水量）相比，北部湾减少水量 0.039 9×10⁶ m³/s。琼州海峡东口的水温低于西口约 2 ℃，那么，3 个月内，北部湾比平均值多了 6.2×10¹¹ kcal[①] 热量，再加上 3、4、5 月减少的水量 0.008 9×10⁶ m³/s，相当整个北部湾 0～5 m 层水体温度增加 0.92 ℃。实际上，这个增加的热量不会平摊在整个北部湾，而是集中在北部湾北部，这样一来，就提高了涠洲岛附近的水温（图 8-4）。

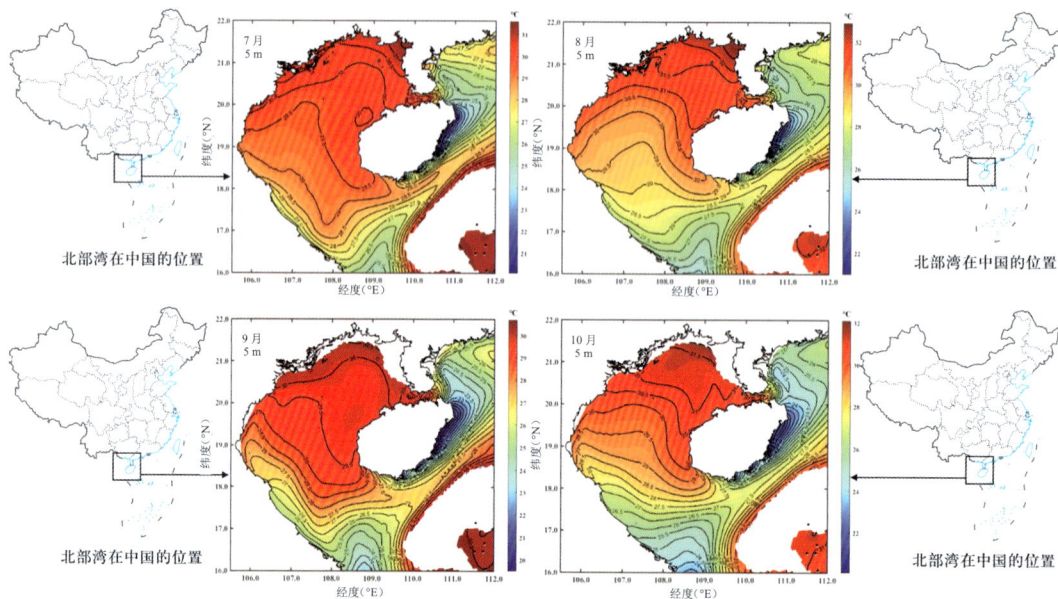

图 8-4　1998 年 7、8 月北部湾及邻近水域 5 m 和 10 m 层温度

8.3.2　2003 年"热白化"事件

2003 年涠洲岛海域水温比往年升高 2 ℃[10]，有 20 多种珊瑚白化，又称 2003 年"热白化"事件。

（1）数值模拟结果。

根据数值模拟结果（图 8-5）：2003 年 8 月，涠洲岛表层温度超过 31.5 ℃，超过正常生态允许的 31 ℃，从而发生珊瑚礁白化的现象。

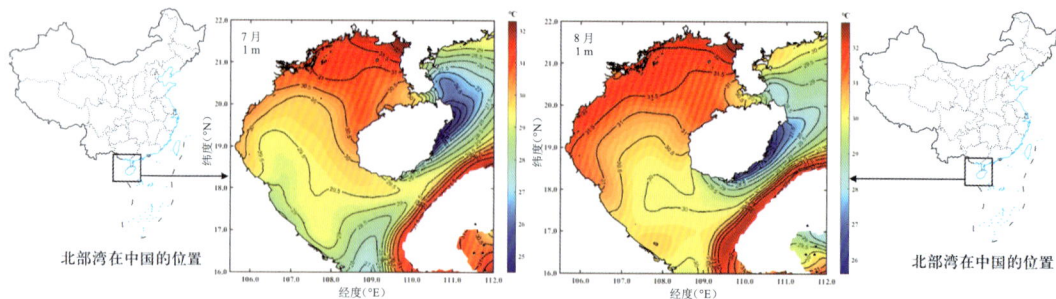

图 8-5　2003 年 7、8 月北部湾及邻近水域 1 m 层温度

①　1 kcal（千卡）≈ 4.185 9 KJ（千焦）

（2）原因分析。

① 琼州海峡进入北部湾水量减少。

表 8-2 是 2003 年通过琼州海峡逐月进入（正值）或者输出（负值）水量以及多年平均值。从表中可以看出：1～7 月，琼州海峡进入北部湾的水量都是减少的，平均值为 $0.040\ 6\times10^6\ \mathrm{m^3/s}$，比多年平均值 $0.042\ 9\times10^6\ \mathrm{m^3/s}$ 增加了 4.7×10^{10} kcal 热量，相当整个北部湾 0～5 m 水体温度增加 0.07 ℃。

表 8-2　2003 年通过琼州海峡逐月进入（正值）或者输出（负值）水量　　　　（$10^6\ \mathrm{m^3/s}$）

	1月	2月	3月	4月	5月	6月	7月	8月	9月	10月	11月	12月	年平均
2003 年	0.085 1	0.054 6	0.074 6	0.034 1	0.035 9	-0.018 3	0.018 3	0.034 3	0.064 2	0.087 5	0.122 5	0.101 9	0.057 9
平均	0.093 1	0.072 6	0.053 4	0.040 7	0.040 2	0.000 9	-0.000 3	0.014 0	0.074 2	0.116 6	0.114 6	0.111 7	0.061 0

② 南海增温，从北部湾口进入热量增加。

图 8-6 为 2003 年 8 月北部湾 5 m 层温度与多年平均温度对比。从中可以看出，2003 年北部湾口温度比多年平均温度高出 0.5 ℃。8 月，在南风推动下，海湾北部同样比多年平均高出 0.5 ℃。

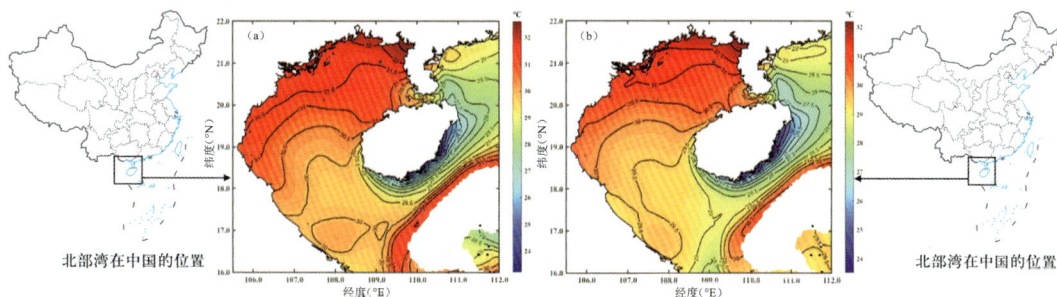

图 8-6　2003 年 8 月北部湾 5 m 层温度（a）与多年平均温度（b）

8.3.3　2004 年"热白化"事件

（1）数值模拟结果。

根据数值模拟结果（图 8-7）：8 月，涠洲岛表层温度超过 31.5 ℃，超过正常生态允许的 31 ℃，从而导致珊瑚礁白化的现象。

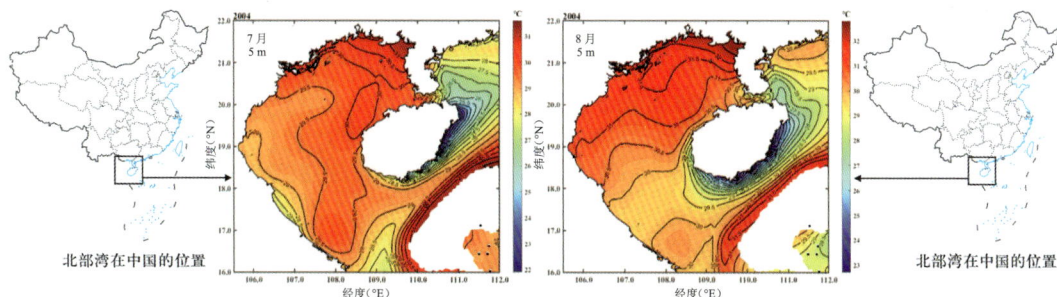

图 8-7　2004 年夏季北部湾 5 m 层温度

（2）原因分析。

① 琼州海峡进入北部湾水量减少。

表 8-3 是 2004 年通过琼州海峡逐月进入（正值）或者输出（负值）水量以及多年平均值。从中可以看出：1～7月，琼州海峡进入北部湾的水量都是减少的，平均值为 $0.037\ 4\times10^6\ m^3/s$，比多年平均值 $0.042\ 9\times10^6\ m^3/s$ 增加了 $9.8\times10^{10}\ kcal$，相当整个北部湾 0～5 m 水体温度增加 0.15 ℃。

表 8-3　2004 年通过琼州海峡逐月进入（正值）或者输出（负值）水量　　　（$10^6\ m^3/s$）

	1月	2月	3月	4月	5月	6月	7月	8月	9月	10月	11月	12月	年平均
2004 年	0.071 8	0.039 0	0.048 9	0.028 1	0.038 0	0.031 0	0.004 8	0.013 1	0.041 0	0.097 1	0.094 8	0.090 8	0.049 9
平均	0.093 1	0.072 6	0.053 4	0.040 7	0.040 2	0.000 9	-0.000 3	0.014 0	0.074 2	0.116 6	0.114 6	0.111 7	0.061 0

② 南海增温，从北部湾口进入热量增加。

将图 8-7 中 2004 年 8 月北部湾 5 m 层温度与图 8-6 中多年平均温度对比，可以看出，2004 年的北部湾口温度比多年平均温度高出 0.5 ℃。8 月，在南风推动下，海湾北部同样比多年平均高出 0.5 ℃。

8.3.4　2005 年"热白化"事件

2005 年 7 月初，黄晖等[9]发现涠洲岛调查区死亡造礁石珊瑚覆盖率很高，平均为 31.4%，北、西南和南面浅水区分别达到 91.3%、51% 和 39.7%，但深水区（3～5 m）死珊瑚覆盖率很低。同样，徐闻灯楼角西岸珊瑚礁活珊瑚覆盖率只有 10%。

（1）数值模拟。

根据数值模拟结果（图 8-8）：7 月，涠洲岛海域表层温度达到 31.5 ℃，超过正常生态允许的 31 ℃，从而导致珊瑚礁白化的现象，而 8 月表层只有 31 ℃。

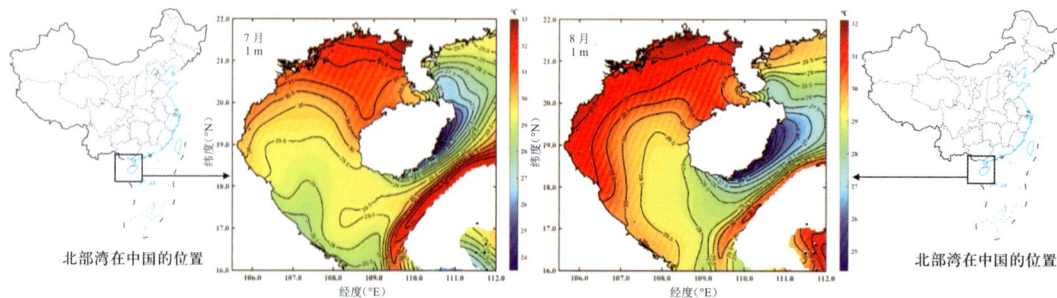

北部湾在中国的位置　　　　　　　　　　　　　　　　北部湾在中国的位置

图 8-8　2005 年 7,8 月北部湾及邻近水域 1 m 层温度

正常情况下是 8 月温度最高，为什么 2005 年 7 月温度超过 8 月温度？这与琼州海峡水量输运有关。

（2）原因分析。

表 8-4 为 2005 年通过琼州海峡逐月进入（正值）或者输出（负值）水量以及多年

平均值。从中可以看出：1～6 月，琼州海峡进入北部湾的水量都是减少的，平均值为 0.036 8×10⁶ m³/s，比多年平均值 0.050 2×10⁶ m³/s 少了 0.013 4×10⁶ m³/s，相当北部湾增加了 2.1×10¹¹ kcal 热量，可以使整个北部湾 0～5 m 层水体温度增加 0.32 ℃。实际上，这个增加的热量不会平摊在整个北部湾，而是集中在北部湾北部浅水区，这样一来，就提高了涠洲岛附近的水温。

表 8-4　2005 年通过琼州海峡逐月进入（正值）或者输出（负值）水量　　　　（10⁶ m³/s）

	1 月	2 月	3 月	4 月	5 月	6 月	7 月	8 月	9 月	10 月	11 月	12 月	年平均
2005 年	0.074 0	0.067 7	0.056 3	0.019 5	0.010 6	-0.007 1	0.020 8	0.032 1	0.115 3	0.103 4	0.093 4	0.119 5	0.058 8
平均	0.093 1	0.072 6	0.053 4	0.040 7	0.040 2	0.000 9	-0.000 3	0.014 0	0.074 2	0.116 6	0.114 6	0.111 7	0.061 0

8.3.5　2020 年"热白化"事件

国家海洋环境预报中心数据显示，自 2020 年 5 月 23 日起，南海表层海温每周预报都比往年同期平均偏高 0.2 ℃～0.5 ℃ 不等。2020 年 8 月，科研人员和环保人士发现，海南岛西北部海域出现大片珊瑚白化，有学者称其规模和白化程度"史上罕见"。此外，雷州半岛西部和广西涠洲岛等区域也发生了大面积珊瑚白化。

珊瑚专家李元超介绍[13]，通过监测判断，海南岛西北部、临高近海域的珊瑚死亡率在 86% 以上，不到 20% 的珊瑚仍保留有水螅体，存在恢复的可能性。但由于海域水温长期居高不下，珊瑚存活的可能性近乎渺茫。值得注意的是，此次受白化影响的大多数珊瑚原本就是耐受品种。

（1）数值模拟结果。

根据数值模拟结果（图 8-9）：7 月，涠洲岛表层和 5 m 层温度达到 31.5 ℃，超过正常生态允许的 31 ℃，从而导致珊瑚礁白化的现象，而 8 月表层只有 31 ℃。

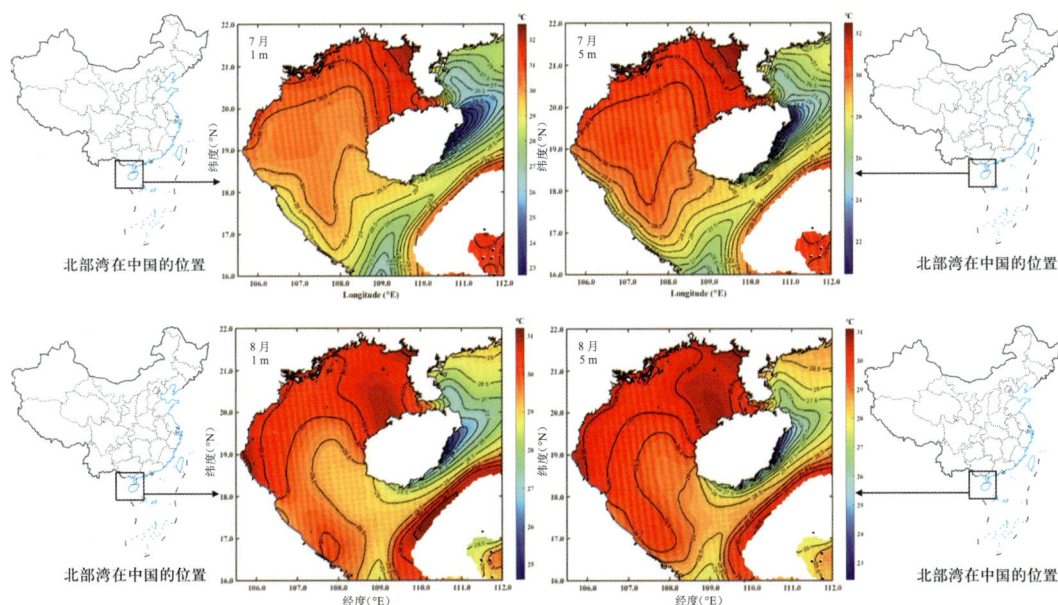

图 8-9　2020 年 7、8 月北部湾及邻近水域 1 m、5 m 层温度

（2）原因分析。

表 8-5 为 2020 年通过琼州海峡逐月进入（正值）或者输出（负值）水量以及多年平均值。从中可以看出：5~7 月，琼州海峡进入北部湾的水量都是减少的，平均值为 $-0.021\ 1\times10^6\ \mathrm{m^3/s}$，比多年平均值 $0.013\ 6\times10^6\ \mathrm{m^3/s}$ 增加了 5.4×10^{11} kcal，相当整个北部湾 0~5 m 层水体温度增加 0.83 ℃。实际上，这个增加的热量不会平摊在整个北部湾，而是集中在北部湾北部浅水区，这样一来，更加提高了涠洲岛附近的水温。

表 8-5　2020 年通过琼州海峡逐月进入（正值）或者输出（负值）水量　（$10^6\ \mathrm{m^3/s}$）

	1月	2月	3月	4月	5月	6月	7月	8月	9月	10月	11月	12月	年平均
2020 年	0.084 9	0.088 9	0.046 5	0.090 5	0.001 2	-0.035 7	-0.028 8	0.003 0	0.047 5	0.216 8	0.134 4	0.111 1	0.063 4
平均	0.093 1	0.072 6	0.053 4	0.040 7	0.040 2	0.000 9	-0.000 3	0.014 0	0.074 2	0.116 6	0.114 6	0.111 7	0.061 0

8.3.6　2008 年"冷白化"事件

（1）全国冬季低温。

2008 年 1 月 3 日起，在中国发生的大范围低温、雨雪、冰冻等自然灾害。中国 20 多个省（区、市）均不同程度受到低温、雨雪、冰冻灾害影响。截至 2 月 24 日，因灾害死亡 133 人，农作物受灾面积 119 000 km²，倒塌房屋 48.5 万间，直接经济损失 1 516.5 亿元。森林受损面积近 186 000 km²，3 万只国家重点保护野生动物在雪灾中冻死或冻伤；受灾人口超过 1 亿。其中，安徽、江西、湖北、湖南、广西、四川和贵州等 7 个省份受灾最为严重。2008 年 1 月 14 日至 2 月 12 日，广西平均气温连续 30 天低于 8 ℃。涠洲岛附近海域水温低于 15 ℃，也造成调查区石珊瑚大量的白化或死亡[1]，又称为"冷白化"事件。

（2）冷白化"事件与琼州海峡海水输运有关。

表 8-6 为 2008 年 1、2 月份进入北部湾的水量。从中可见，这两个月进入水量为 $0.201\ 4\times10^6\ \mathrm{m^3/s}$，是平均值 $0.165\ 7\times10^6\ \mathrm{m^3/s}$ 的 1.22 倍。在北部湾北部原本低温的背景上，又进一步降温：比平均状态将损失 9.3×10^{10} kcal，相当整个北部湾 0~5 m 层水体温度降低 0.29 ℃。实际上，这个损失的热量不会平摊在整个北部湾，而是集中在北部湾北部，这样一来，进一步降低了涠洲岛附近的水温，还阻碍海湾南部较高温度海水北上至涠洲岛。

表 8-6　2008 年通过琼州海峡逐月进入（正值）或者输出（负值）水量　（$10^6\ \mathrm{m^3/s}$）

	1月	2月	3月	4月	5月	6月	7月	8月	9月	10月	11月	12月	年平均
2008 年	0.097 7	0.103 7	0.034 3	0.048 8	0.052 8	-0.017 0	-0.009 8	0.005 4	0.039 0	0.104 6	0.125 2	0.103 0	0.057 3
平均	0.093 1	0.072 6	0.053 4	0.040 7	0.040 2	0.000 9	-0.000 3	0.014 0	0.074 2	0.116 6	0.114 6	0.111 7	0.061 0

图 8-10 是 2008 年 5 m 层温度数值计算结果，可以看出，涠洲岛水温已降至 15 ℃，与实测结果一致。同时，来自琼州海峡东口的温度较低的粤西沿岸流控制了北部湾北

部和越南东部的大片水域,将北部湾口 23.5 ℃的高温水阻滞在 20°N 以南水域。

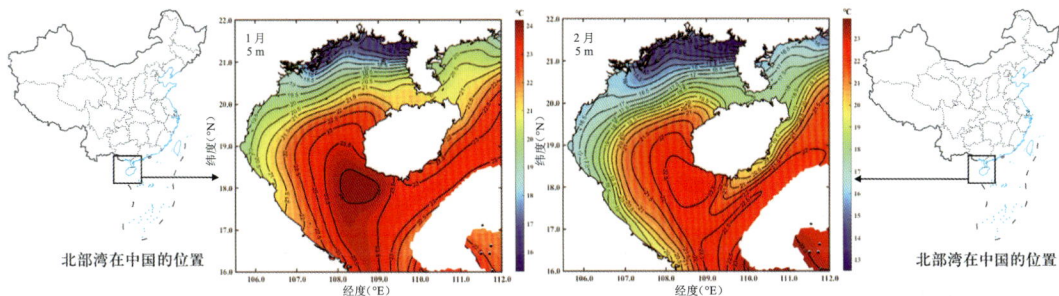

图 8-10　2008 年 1、2 月北部湾及邻近水域 5 m 层温度

8.4　结论

20 世纪 80 年代至 90 年代初期,涠洲岛珊瑚礁发育良好,生物多样性程度较高,1998 年成为涠洲岛珊瑚礁发育演化的转折点——出现大片石珊瑚死亡现象。

根据我们计算,自 1993—2020 年的 28 年过程中,共计有 1998、2003、2004、2005、2008、2020 年 6 次极端高温事件和 2008 年的极端低温事件发生,与各种调查报告结果非常一致。

出现高温和低温,从而导致珊瑚礁"热白化"与"冷白化"的原因,有各种说法。

(1)世界气候持续变暖导致的。

这很容易理解,因为这是不争的事实。但是,观测与我们的计算结果显示,"热白化"与"冷白化"主要集中在 1998—2008 这 11 年中,直到 12 年之后,2020 年才又一次爆发"热白化"事件。这似乎有悖于中国气候"持续变暖"这个事实(图 8-11)。

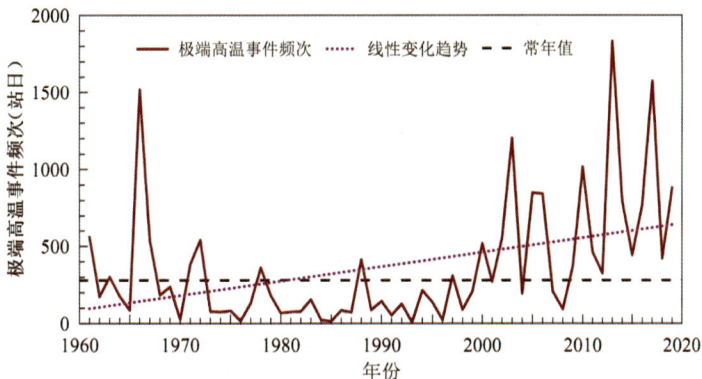

图 8-11　中国气候变化

(2)太阳黑子同期变化。

它可能与太阳黑子变化周期有关。从图 8-12 中可以看出,1998、2003、2004、2005、2008 这些白化事件,都发生在 1995—2009 这个周期中(天文学上排名第 24 周)。而

后一个周期 2009—2020 年(第 25 周),却只发生一起。比较两个周期太阳黑子数多少,可以明显看出,前一个周期要比后一个周期多出至少 1 倍的数目。

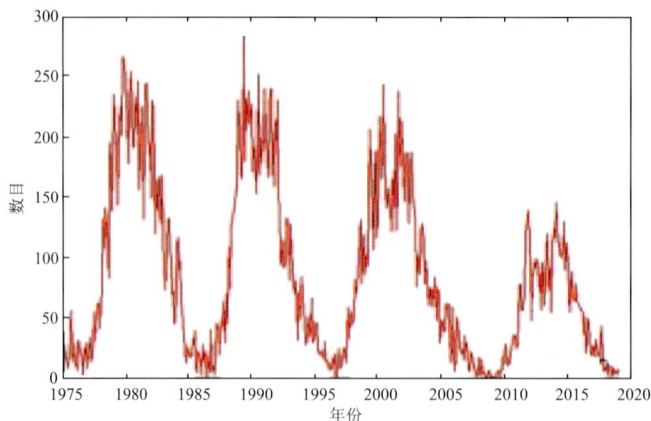

图 8-12　太阳黑字数年变化

(3)厄尔尼诺—南方涛动(El Niño-Southern Oscillation, ENSO)事件。

有的文章认为,珊瑚白化与 ENSO 事件有关[14-16]。

ENSO 造成的海水温度异常的范围主要为太平洋东部与中部的热带海洋,但会使整个世界气候模式发生变化,造成一些地区干旱而另一些地区又降雨量过多。其出现频率并不规则,但平均约每 4 年发生一次。基本上,如果此现象持续期是 5 个月或以上,便会称为 ENSO 事件。1982—2016 年,多次爆发 ENSO 或拉尼娜(La Niña)事件(图 8-13)。

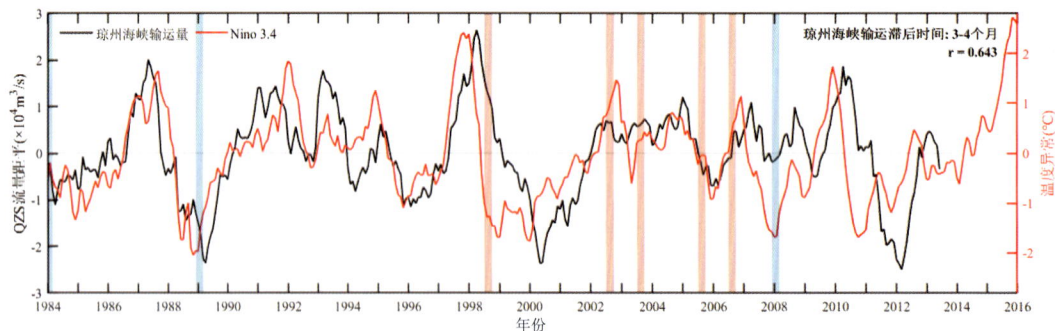

图 8-13　1984—2012 年琼州海峡输运量年际变化距平(黑色实线)与 1984—2016 年 Niño 3.4
指数(红色实线)的时间序列(琼州海峡输运向西为负、向东为正,蓝色区域代表冷白化事件,
橙色区域代表热白化事件)

由图 8-13 可以发现,琼州海峡输运量年际变化距平与 Niño3.4 指数的时间序列的相关系数可达 0.643,且输运变化滞后 Niña 3.4 指数 3～4 个月。通常来说,琼州海峡的西向输运在 ENSO 期间会减弱(如 1986—1987 年、1991—1992 年、1997—1998 年、2009—2010 年),而在 La Niña 期间会增强(如 1984—1985 年、1988—1989 年、1996—1997 年、1999—2001 年)。

1984—2016 年有 2 次超强的 ENSO 事件,它们分别是 1997—1998 年、2015—2016 年,尤其是 2015—2016 年的超强 ENSO 事件,是 1951 年以来最强的 ENSO 事件。此外,还有 4 次中等强度的 ENSO(1986—1987 年、1991—1992 年、2002—2003 年和 2009—2010 年)以及 5 次较弱的 ENSO。但是,从上面 6 次"热白化"事件中仅在 1997—1998 年与 2002—2003 年两个 ENSO 年发生了,而 2015—2016 年这个强 ENSO 年中并未发生"白化"事件。

1984—2016 年有 4 次较强的 La Niña 事件,它们分别是 1989 年、1999—2000 年、2008 年、2010—2011 年。上述"冷白化"分别发生在 1989 年与 2008 年两次强 La Niña 事件中,但并非每次 La Niña 事件中均会发生"冷白化"。

可见,珊瑚"热白化"与"冷白化"与 ENSO 存在相关,又不完全与 ENSO 强度完全对应。

(3)我们的观点。

①气候变暖是不可忽视的因素。

以 1993 年为例,根据我们计算,琼州海峡 5、6、7、8 月从北部湾流入粤西的流量月平均为 $-0.022\ 5\times10^6\ \mathrm{m^3/s}$,而 20 年平均流量为 $0.036\ 2\times10^6\ \mathrm{m^3/s}$,是正值,即进入北部湾的流量(表 8-7)。

表 8-7　1993 年通过琼州海峡逐月进入(正值)或者输出(负值)水量　　　　($10^6\ \mathrm{m^3/s}$)

	1 月	2 月	3 月	4 月	5 月	6 月	7 月	8 月	9 月	10 月	11 月	12 月	年平均
1993 年	0.095 4	0.059 0	0.035 6	0.039 4	0.000 2	-0.056 5	-0.024 3	-0.009 4	0.062 3	0.127 8	0.125 5	0.114 0	0.047 4
平均	0.093 1	0.072 6	0.053 4	0.040 7	0.040 2	0.000 9	-0.000 3	0.014 0	0.074 2	0.116 6	0.114 6	0.111 7	0.061 0

这样一来,北部湾损失的流量为 $0.058\ 7\times10^6\ \mathrm{m^3/s}$,获得的热量 $6.1\times10^{11}\ \mathrm{kcal}$,相当于北部湾 5 层水温提高 0.94 ℃,但是,并未出现珊瑚礁白化的现象。究其原因,是 1993 年气候较冷(图 8-11),4 月的琼州海峡西口 5 m 层水温为 23.5 ℃,比多年平均水温(24.0 ℃)低 0.5 ℃(图 8-14),从而抵消了一部分增温效应,使得涠洲岛增温只达到 31.3 ℃,比其多年平均水温(31.1 ℃)只提高了 0.2 ℃,避免了珊瑚白化的恶果出现。

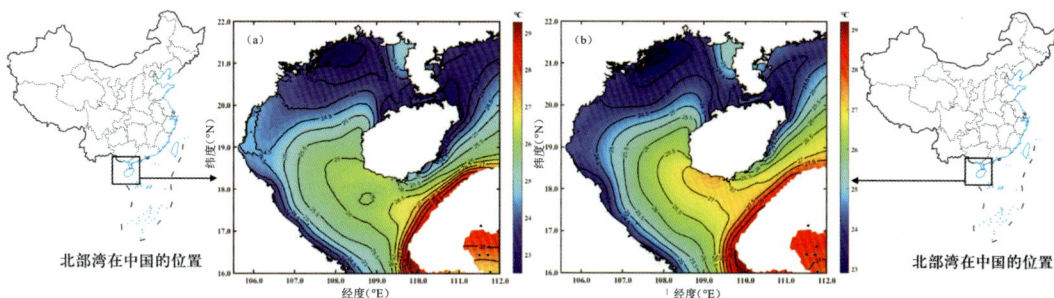

图 8-14　北部湾 5 m 层 1993 年 4 月(a)与多年 4 月平均(b)温度

② 琼州海峡水量／热量输运是关键的因素。

从 1998、2003、2004、2005、2008、2020 年的白化事件中可以看出，琼州海峡水量／热量输运是关键的因素。关键月份，进入北部湾的入流和出流，可以带来 $10^{10} \sim 10^{11}$ kcal 的热量变化。在涠洲岛附近，夏季表层平均温度在 31 ℃ 左右，只要提高 0.5 ℃，就会导致海温超过珊瑚的适宜范围，导致珊瑚礁白化的发生。而琼州海峡水通量的年际变化受 ENSO 调控，部分珊瑚"白化"事件能够与 ENSO 事件相对应，但并非每一次强 ENSO 事件都能引起白化，二者之间的相关仍需后续进一步研究。

③ 太阳黑子数多寡，也可能是一个不可忽视的因素。

1998、2003、2004、2005、2008 的白化事件都发生在 1995—2009 年这个天文学上排名第 24 周中。而第 25 周的 2009—2020 年，却只发生一起。第 24 周的太阳黑子数，要比后一个周期多出至少 1 倍的数目。若如此，根据预报，太阳黑子数第 26 周将变得更少，那么珊瑚礁出现白化现象的可能性将会降低，这对北部湾东北部珊瑚礁来说是个好消息。

参考文献

[1] 周雄,李鸣,郑兆勇,黄红海,时小军. 近 50 年涠洲岛 5 次珊瑚冷白化的海洋站 SST 指标变化趋势分析 [J]. 热带地理,2010,30(6):582-586.

[2] 汤超莲,李鸣,郑兆勇,等. 近 45 年涠洲岛 5 次珊瑚热白化的海洋站 SST 指标变化趋势分析 [J]. 热带地理,2010,30(6):577-581+586.

[3] Liu L., Wu S. Valuation on changes in the quality of coral reef: a study of Weizhou Island[J]. Marine Science Bulletin, 2015, 34(2):215-221.

[4] 赵焕庭,王丽荣,宋朝景,等. 广东徐闻西岸珊瑚礁 [M]. 广州:广东科技出版社,2009.

[5] 赵焕庭,王丽荣,宋朝景,等. 广东徐闻西岸珊瑚礁存在与发展条件 [J]. 热带地理,2008,28(3):234-240.

[6] 李淑,余克服. 珊瑚礁白化研究进展 [J]. 生态学报,2007,5:2059-2069.

[7] 梁文,黎广钊,张春华,王欣,农华琼,黄晖,李秀保. 20 年来涠洲岛珊瑚礁物种多样性演变特征研究 [J]. 海洋科学,2010,12:78-86.

[8] 黎广钊,梁文,农华琼,等. 涠洲岛海区珊瑚礁资源调查研究报告 [R]. 北海:广西红树林研究中心,2006.

[9] 黄晖,马斌儒,练健生,等. 广西涠洲岛海域珊瑚礁现状及其保护策略研究 [J]. 热带地理.2009,29(4):307-312.

[10] 张文静,郑兆勇,张婷,陈天然. 1960—2017 年北部湾珊瑚礁区海洋热浪增强原因分析 [J]. 海洋学报,2020,42(5):41-48.

[11] 王永志. 近 30 年北部湾涠洲岛珊瑚生态系统健康评价及其生态资产核算方法研究 [D]. 广西大学,2020.

[12] 余克服,蒋明星,程志强,等. 涠洲岛 42 年来海面温度变化及其对珊瑚礁的影响 [J]. 应用

生态学报, 2004, 15 (3) : 506-510.

[13] 澎湃新闻. 拯救珊瑚 | 海水温度升高, 北部湾大量珊瑚白化面临死亡 [EB/OL]. (2020-9-5). https://www.thepaper.cn/newsDetail_forward_9029440.

[14] Baker A C, Glynn P W, Riegl B. Climate change and coral reef bleaching: An ecological assessment of long-term impacts, recovery trends and future outlook [J]. Estuarine Coastal and Shelf Science, 2008, 80 (4) : 435-471.

[15] Glynn P W, Maté, Juan L, Baker A C, et al. Coral bleaching and mortality in Panama and Ecuador during the 1997-1998 El Nio-Southern Oscillation event: Spatial/temporal patterns and comparisons with the 1982-1983 event [J]. Bulletin of Marine Science, 2001, 69 (1) : 79-109.

[16] Kleypas J A, Castruccio F S, Curchitser E N, et al. The impact of ENSO on coral heat stress in the western equatorial Pacific [J]. Global Change Biology, 2015, 21 (7) : 2525-2539.

第9章
北部湾环流与渔业

9.1 鱼类分布、集群与水环境关系

北部湾,为天然半封闭海湾,是我国优良的传统渔场,渔业资源丰富,同时也是海洋生物多样性研究的热点区域。

渔获量状况及鱼类多样性易受到环境变化和生态相关作用影响,环境因子通过影响鱼类分布情况而影响鱼类多样性。关于北部湾渔场与水环境的关系,许多学者经过研究有以下一些认知[1-4]。

(1)与陆地降雨及入海径流有关。

珠江口形成了大范围的冲淡水以及广东沿岸水,通过琼州海峡给北部湾注入丰富的营养盐和饵料。海南岛西岸沿岸水进入北部湾,也带去了丰富的营养盐和饵料。沿海陆地降雨量的变化不仅影响渔场的位置,也影响近海的渔业资源。通过渔获量波动与降水量变化时间序列相关分析可以发现,沿岸秋季降雨量与渔获量波动呈极显著相关,相关系数为 0.29,其置信水平达到 95%。

(2)渔获量波动与风有关。

冬季北部湾由于受到东北季风和强烈海水垂直混合的影响,氧含量达全年最高值,沿岸风场起到对富含营养物质沿海水的输送和扩散作用。此过程除影响水环境锋面外,还影响海域的初级生产力,从而影响饵料生物的生产和分布。因此,海洋渔业资源的波动直接或间接与风存在着关系,通过对渔获量波动与风速变化时间序列相关分析发现,渔获量波动与附近海域风时也呈极显著相关,相关系数达 0.44,其置信水平达到 99% 以上。

(3)渔获量波动与海水盐度有关。

任何生物都有适合生存的环境条件,盐度是主要的环境条件之一。鱼类生存环境的盐度与其渗透压平衡直接相关,过高或过低的盐度都会对鱼类生长产生直接影响,甚至产生毒性作用。盐度的变化直接影响到鱼类的生长与代谢强度,还通过影响鱼类精子活力、受精卵孵化以及胚胎发育而影响鱼类的繁殖。根据渔获量的波动与海表盐度变化时间序列相关分析可知,渔获量的波动与硇洲岛海洋站盐度呈极显著相关,相

关系数达 0.38,其置信水平达到 95% 以上。

（4）与海水温度和 Chl-a 浓度有关。

有研究表明,温度和 Chl-a 浓度能够影响鱼类的群落结构,从而影响鱼类多样性。SST 与北部湾鱼类优势种和常见种丰度呈显著正相关性（显著性 $P < 0.05$）,而与鱼类多样性指数呈负相关;水深与北部湾鱼类优势种和常见种丰度呈正相关性,而与鱼类多样性指数呈负相关;同时,Chl-a 浓度与北部湾鱼类优势种和常见种丰度呈显著负相关（$P < 0.05$）,而与鱼类多样性指数呈显著正相关性（$P < 0.05$）。

Chl-a 浓度是评估海洋初级生产力的重要指标之一,能够反映水体中浮游植物生长情况。浮游植物作为海洋食物网中最主要的初级生产者,能够通过食物网间接影响海域中鱼类丰度;而温度既能直接影响鱼类的行为、分布及丰度的变化,又能导致 Chl-a 浓度的改变。

但是,上述的一些原因,归根结底主要还是与海流有关。北部湾海流既有水平又有铅直的流动。北部湾是陆架浅海,季风在海面上的风力驱动形成冬夏差异显著的风生海流。海流对海洋中多种物理过程、化学过程、生物过程和地质过程,以及海洋上空的气候和天气的形成及变化,都有影响和制约的作用。不同海流交汇的海区,海水受到扰动,可以将下层营养盐类带到表层,有利于鱼类大量繁殖,为鱼类提供诱饵;两种海流还可以形成"水障",阻碍鱼类活动,使得鱼群集中,易于形成渔场;有些海区受离岸风影响,深层海水上涌把大量的营养物质带到表层,从而形成渔场,海流还可以把近海的污染物质携带到其他海域,有利于污染的扩散,加快净化速度。

9.2　渔区与环流

鱼类作为渔业资源的重要组成部分,其群体分布特征与水域生态环境密切相关,即鱼类群落结构和功能可在一定程度上反映海洋生态系统的健康状态,因此常作为评价海洋生态系统健康程度的重要指标[3][4]。

9.2.1　渔区分型

王雪辉[5] 等根据 2007 年在北部湾海域进行的 4 航次底拖网调查数据,对北部湾鱼类的种类组成和群落格局进行分析。运用聚类分析和非度量多维标度（NMDS）方法分析了北部湾鱼类群落结构的空间分布,研究表明,该海域鱼类可划分为 5 个群落,为较为稳定的东北部沿岸群落（群落 Ⅰ）、海南岛西岸群落（群落 Ⅱ）、北部湾中南部群落（群落 Ⅲ）、白龙尾岛附近海域群落（群落 Ⅳ）和季节波动较大的琼州海峡西侧群落（群落 Ⅴ）（图 9-1）。

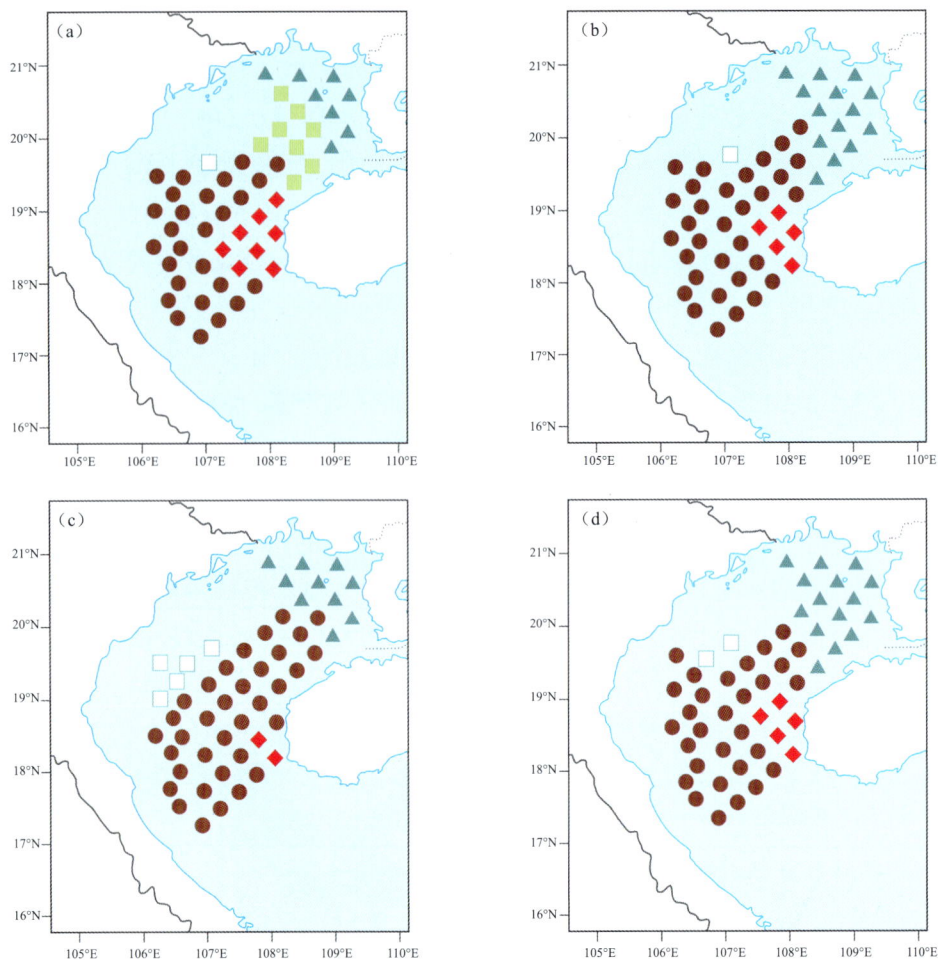

图 9-1　北部湾春季(a)、夏季(b)、秋季(c)、冬季(d)鱼类群落空间分布[5]

标识为"▲"的是群落Ⅰ,位于北部湾东北部沿岸海域,以小型鱼类为主,如鲾类、丽叶鲹和二长棘鲷幼鱼,产卵期为冬季(12、1、2月)。

标识为"◆"的是群落Ⅱ,位于海南岛西南方,以岩礁性鱼类为主。

标识为"●"的是群落Ⅲ,位于北部湾中南部,是北部湾主要群落。其分布范围最广,特征种类以发光鲷、大头白姑鱼、黄斑鲾和竹荚鱼为主。其中,发光鲷位居全年单种优势种的首位。

标识为"□"的是群落Ⅳ,分布范围最小,位于白龙尾岛附近。该群落的特征种较为复杂,没有周年优势种。

标识为"▨"的是群落Ⅴ,只有春季出现在涠洲岛西南部,以黄斑鲾、带鱼幼鱼、二长棘鲷和黄带绯鲤等为特征种。

9.2.2　渔区分型与环流

图 9-2 为 2007 年月平均环流图,从中可以看出如下特征。

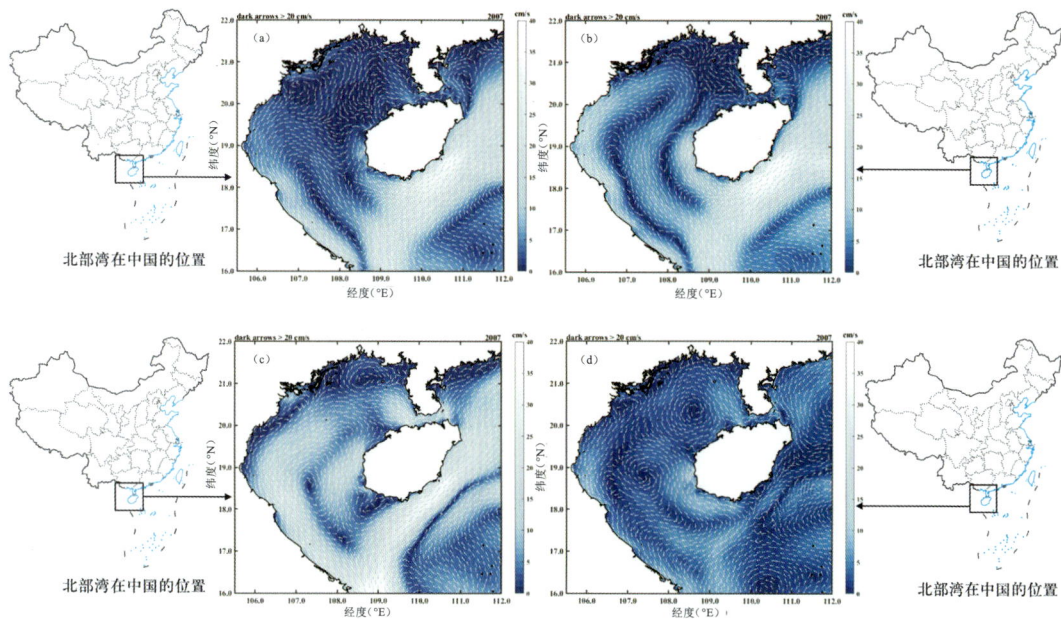

图 9-2　北部湾 2007 年春季（a）、夏季（b）、秋季（c）、冬季（d）中层环流

（1）群落 I 处于琼州海峡水与北部湾本地水的混合区。琼州海峡水来自粤西沿岸水，其中 Chl-a 含量高（图 9-3），是适宜各种小型鱼类生存和产卵的场所。

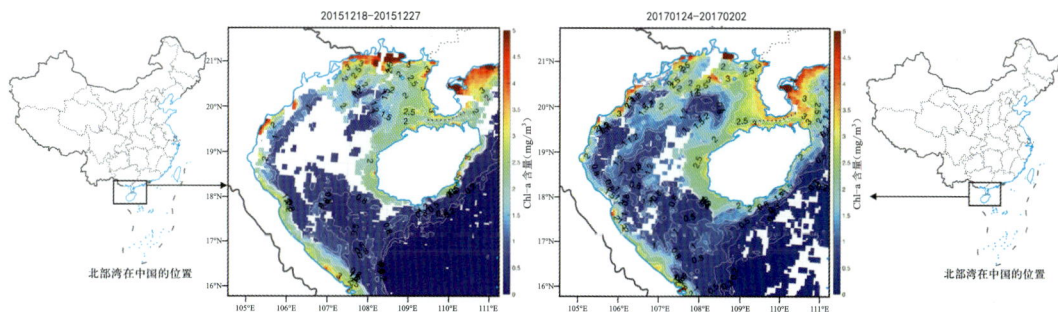

图 9-3　北部湾 2015 年和 2017 年冬季 Chl-a 遥感结果（山东科技大学刘振私人提供）

（2）群落 II，位于海南岛西南方，是湾口外南海水直接影响之区域。

（3）群落 III，位于北部湾中南部，是来自湾口的南海水与北部湾本地水的混合区，并形成气旋涡（夏、秋季）和反气旋涡（冬季），以大型鱼类为主。

（4）春季比较特殊，在 118°30′E 这条南北轴线上，是反气旋涡与气旋涡相交的辐合带。只有春季出现的黄斑鳂、带鱼幼鱼、二长棘鲷和黄带绯鲤等特征种可能与此有关。群落 I、II、III 和 IV 较为稳定的分布于北部湾海域，只有群落 V 随季节波动较大，因为它们是锋面鱼群。

9.3 北部湾西北部渔业

9.3.1 实测数据

北部湾西北部广西近海为北部湾渔场的重要组成部分,是多种北部湾鱼类重要的产卵场、育幼场和索饵场,对北部湾生物资源的补充具有重要作用,是北部湾渔场不可或缺的部分。

张公俊等[6]对北部湾中北部鱼类组成和资源量时空分布、群落结构动态变化等进行研究,为北部湾渔业资源的保护提供基础支撑。他们于2016年在北部湾中北部海域进行的4航次底拖网调查,分别于2月(冬季)、5月(春季)、8月(夏季)和11月(秋季)进行。

据此,他们分析了北部湾中北部鱼类资源生物量和丰度时空分布,分别统计各季节优势鱼种、鱼类群落多样性指标。

从各个季节鱼类生物量和丰度的分布(图9-4)中可以看出以下几点。

(1)春季,生物量和丰度较高的站位都集中在中越交界至白龙尾东部近岸一带。生物量最高的是S3站,为3 647.97 kg/km²,丰度为871.2×10³ ind/km²;其次为S6、S2站,生物量分别为3 374.27 kg/km²和2 401.29 kg/km²。

(2)夏季,生物量和丰度较高的站位集中在白龙尾以东、钦州湾以西的区间,相对分散。南部,生物量最高的是S9站,为2 548.88 kg/km²,丰度为454.9×10³ ind/km²。

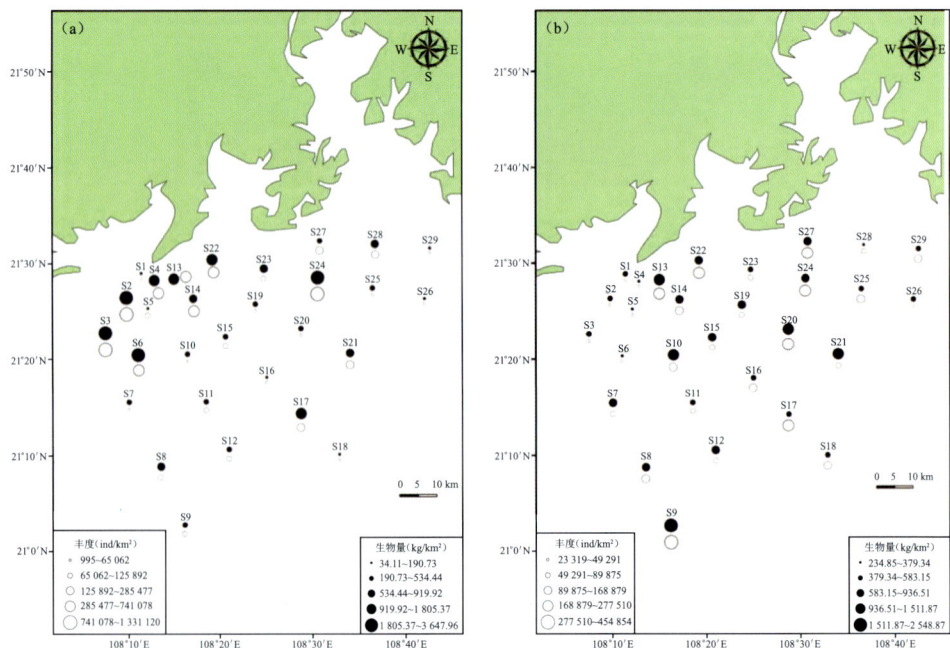

图9-4(1) 北部湾中北部春(a)、夏(b)、秋(c)、冬(d)四个季节鱼类生物量和丰度的时空变化特征

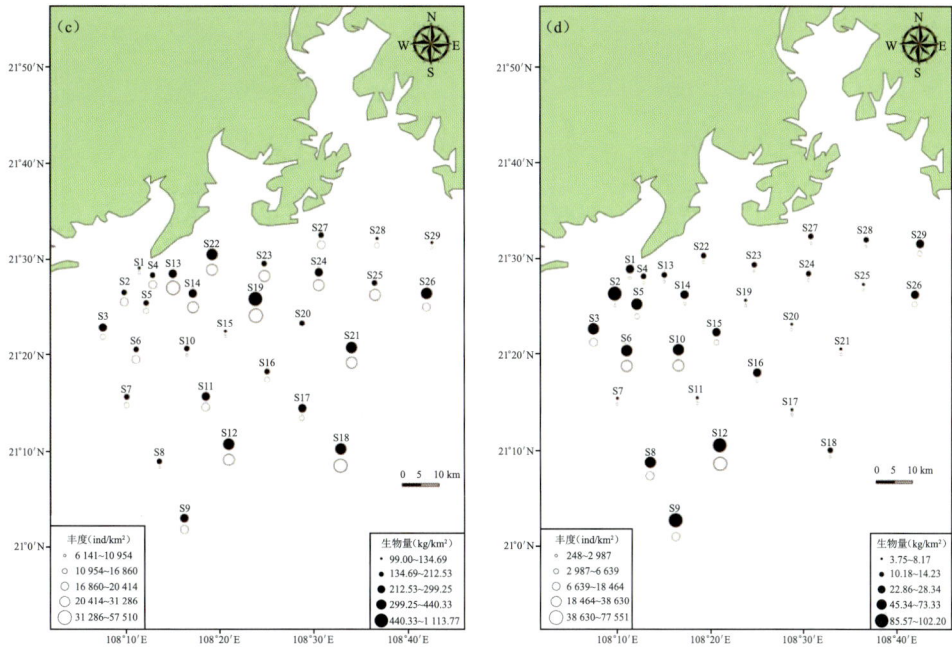

图 9-4（2）　北部湾中北部春（a）、夏（b）、秋（c）、冬（d）四个季节鱼类生物量和丰度的
时空变化特征

（3）秋季，生物量和丰度分布相对分散，生物量最高的是防城港南面 S19 站，为
1 113.78 kg/km²，丰度最高的为 S18 站，其值为 57.5×10³ ind/km²。

（4）冬季，生物量和丰度最高集中在白龙尾向南至 21°N 的狭长区域。生物量最高
的是西北部 S2 站，为 102.20 kg/km²，南部三个站 S9、S12 和 S8 仅次之。丰度最高的为
S12 站，其值为 77.6×10³ ind/km²。

总的来看，春季、夏季、秋季和冬季的鱼类平均生物量分别为 884.62 kg/km²、
722.04 kg/km²、258.03 kg/km² 和 29.76 kg/km²。各季节鱼类资源丰度由高到低依
次为春季＞夏季＞秋季＞冬季；春季、夏季、秋季和冬季的鱼类平均丰度分别为
263.2×10³ ind/km²、124.8×10³ ind/km²、21.8×10³ ind/km² 和 8.1×10³ ind/km²。

9.3.2　计算的流场

图 9-5 为 2016 年春（5 月）、夏（8 月）、秋（11 月）、冬（2 月）中层环流，从中可以看出
如下特征。

（1）春季（5 月），广西白龙尾附近是两个涡旋的辐合带：一个来自越南红河口的北
向沿岸流，另一个来自琼州海峡的粤西水，它们都是营养物质极为丰富的水体。在白龙
尾附近相遇后向南输运，各自形成反气旋涡（西）和气旋涡（东），从而成为白龙尾南部
海域生物量最高的原因。

（2）夏季（8 月），防城港和白龙尾附近海域主要受琼州海峡来水和来自广西入海径
流的营养物输运影响，所以生物量和丰度分布比较分散。但是，最南端 S9 站生物量和丰
度都很高，这与来自湾口的南海水与来自琼州海峡粤西水在这里相遇并形成锋面有关。

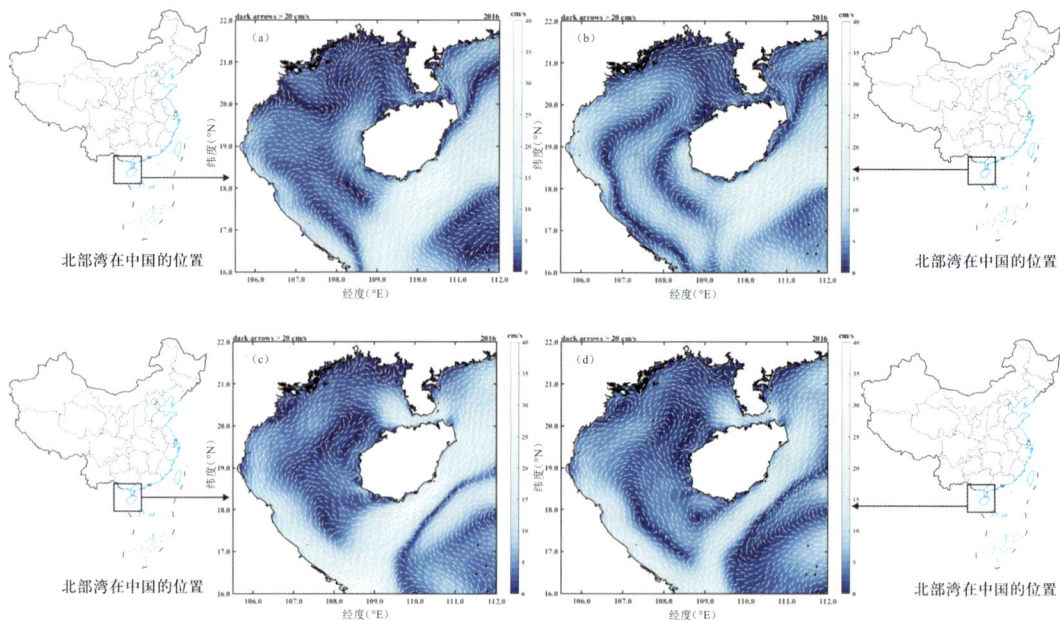

图 9-5　北部湾 2016 年春季（a）、夏季（b）、秋季（c）、冬季（d）中层环流

（3）秋季（11 月）环流形式与夏季类似：防城港和白龙尾附近海域主要受琼州海峡来水和来自广西入海径流的营养物输运影响，但是来自湾口的南海水与来自琼州海峡粤西水所形成的锋面消失，因此，所有站点生物量和丰度分布比较分散。

（4）冬季水温偏低，暖水性鱼类和暖温性的季节洄游性鱼类离开北部湾近岸水域向外海转移，使得生物量和丰度集中在白龙尾向南至 21°N 的狭长区域。这个区域的叶绿素含量要高于东部区域（图 9-6）。

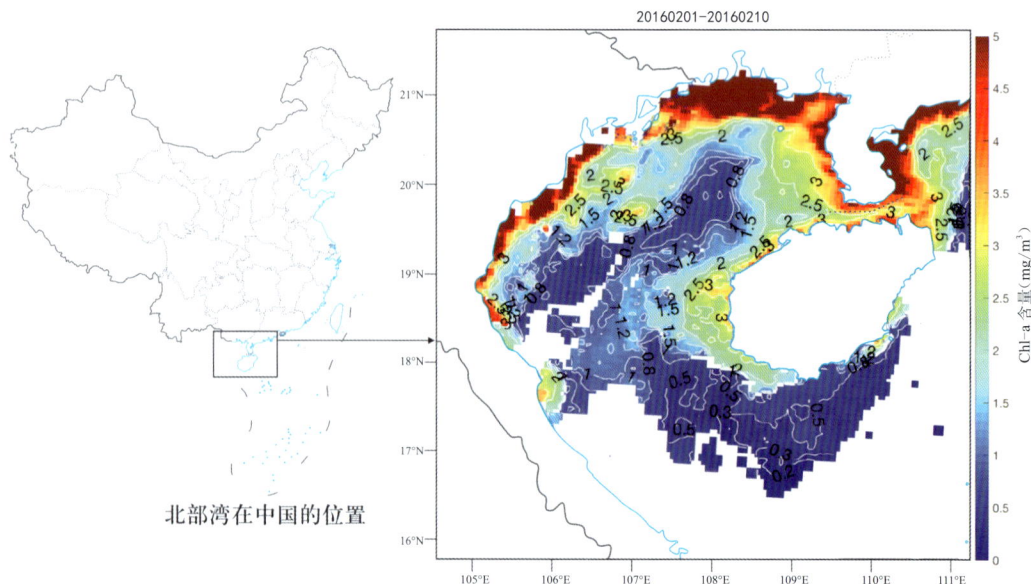

图 9-6　北部湾 2016 年冬季 Chl-a 遥感结果（山东科技大学刘振私人提供）

9.4　北部湾渔获量与水温关系

2000—2009 年,是实施伏季休渔的 10 年。实施休渔制度后,过多渔船和过大捕捞强度对渔业资源的压力得到了有效地缓解。因此,我们用这 10 年捕捞量来研究水温对捕捞量影响是有代表性的。根据李菲萍等人[7]统计结果,这 10 年捕捞量如表 9-1 所示。

表 9-1　广西海洋捕捞产量(10^4 t)和捕捞强度(10^4 kW)

	2000 年	2001 年	2002 年	2003 年	2004 年	2005 年	2006 年	2007 年	2008 年	2009 年
捕捞量	88.84	89.31	86.30	85.10	79.95	84.33	66.96	66.96	65.60	66.30
捕捞强度	50.96	53.36	—	68.21	69.41	57.38	69.32	69.40	76.88	73.75

※ 捕捞强度:作业渔船总功率

9.4.1　低产值的 2008 年

从表 9-1 可以看出,2008 年捕捞产量较低,与高值年 2001 相比,只有该年的 73%,而它的捕捞强度却是 2001 年的 1.44 倍。究其原因,可能与 2008 年全年低温有关。图 9-7 为 2008 年春、夏、秋、冬代表月与多年平均对应月的 5 m 层温度对比。

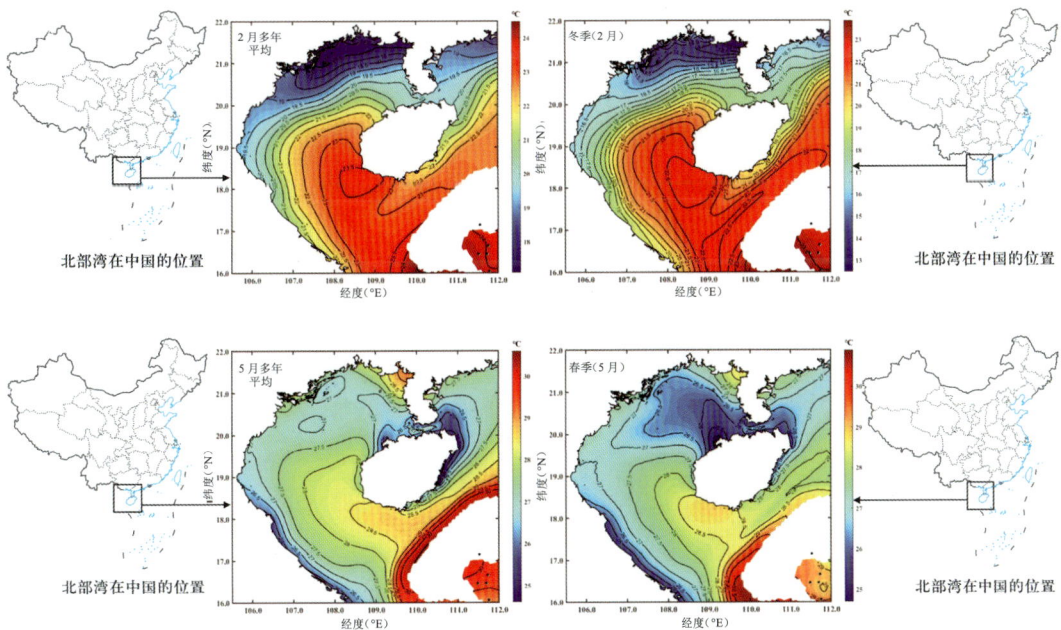

图 9-7(1)　北部湾多年平均与 2008 年春、夏、秋、冬季代表月 5 m 层温度

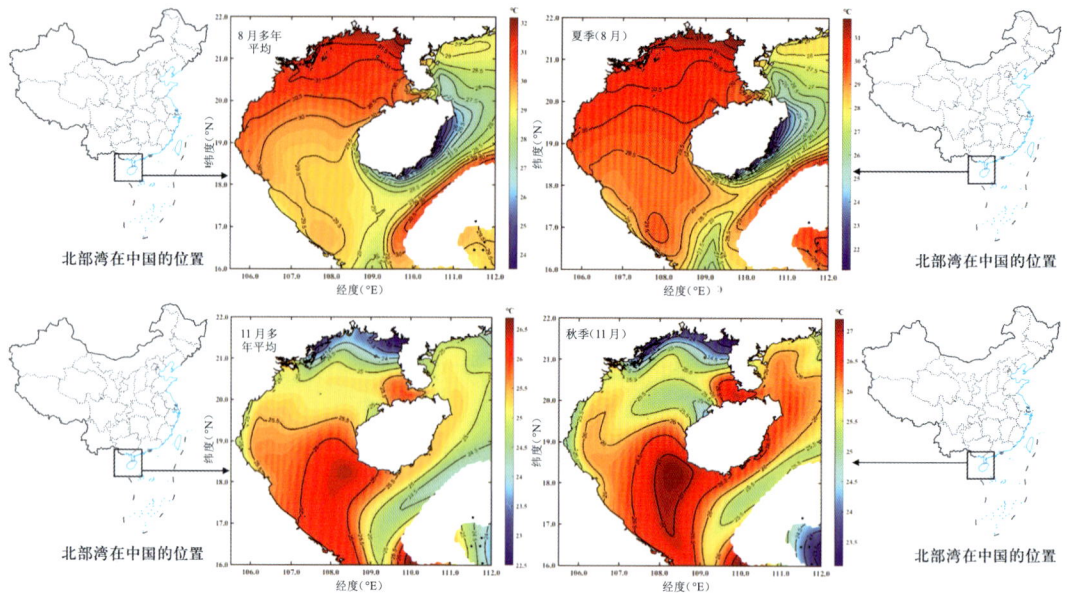

图 9-7（2） 北部湾多年平均与 2008 年春、夏、秋、冬季代表月 5 m 层温度

从图 9-7 中可以看出以下几点。

（1）冬季（2 月），海湾南部 2008 年比多年平均要低 1 ℃左右，而北部要低 2 ℃，甚至更多。例如，在涠洲岛附近，多年平均温度为 18.5 ℃，而 2008 年只有 15 ℃。

（2）春季（5 月），2008 年海湾南部与多年平均基本相当，较冷的区域在 19°N 以北，约占北部湾 2/3 的海域，海湾北部比多年平均要低 1 ℃左右。例如，在涠洲岛附近，多年平均温度为 27.5 ℃，而 2008 年只有 26.5 ℃。

（3）夏季（8 月），2008 年海湾南部与多年平均基本相当，较冷的区域在 19°30′N 以北，约占北部湾 1/2 的海域，海湾北部比多年平均要低 0.5 ℃左右。例如，在涠洲岛附近，多年平均温度为 31.2 ℃，而 2008 年只有 30.7 ℃。

（4）秋季（11 月），总体来看，2008 年海水温度要高于多年平均值 0.5 ℃左右。例如，在涠洲岛附近，多年平均温度为 24.0 ℃，而 2008 年为 24.5 ℃。

9.4.2 高产值的 2003 年

从表 9-1 可以看出，2003 年捕捞产量较高，为 85.10×10⁴ t，是低值年（2008 年）的 1.30 倍，且捕捞强度只有 2006 年的 0.89 倍。究其原因，可能与 2003 年全年高温有关。图 9-8 为 2003 年春、夏、秋、冬代表月 5 m 层温度对比。

与图 9-7 中多年平均值对比，可以看出如下特点。

（1）冬季（2 月），整个海域 2003 年比多年平均温度要高 0.5 ℃左右。例如，在涠洲岛附近，多年平均温度为 18.5 ℃，而 2003 年为 19.5 ℃。

（2）春季（5 月），整个海域 2003 年比多年平均温度要高 1.0 ℃左右。例如，在涠洲岛附近，多年平均温度为 27.5 ℃，而 2003 年为 28.5 ℃。

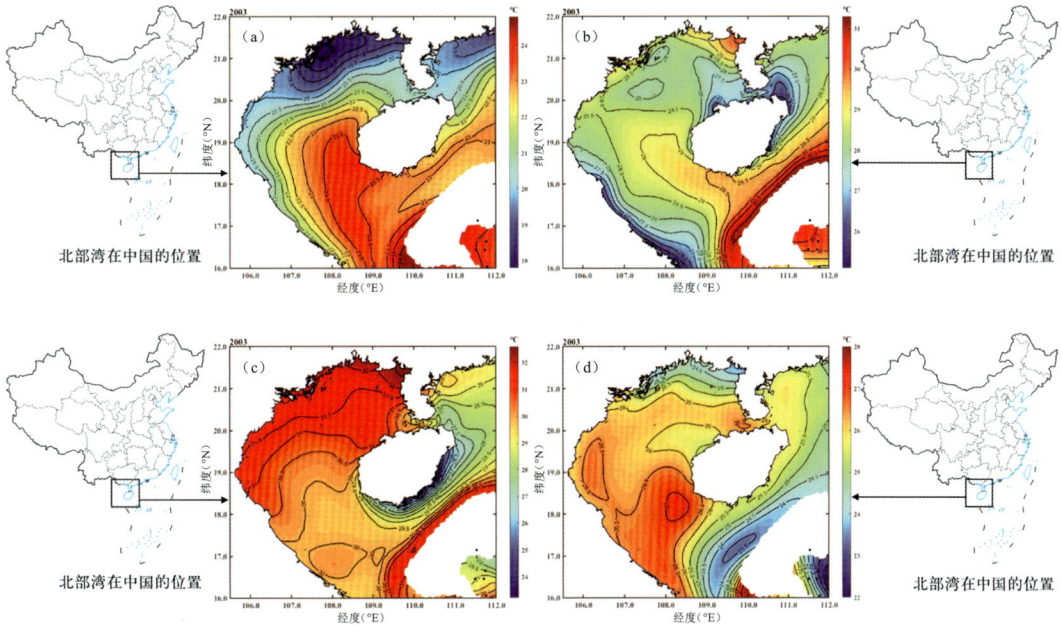

图 9-8　北部湾 2003 年春季（a）、夏季（b）、秋季（c）、冬季（d）5 m 层温度

（3）夏季（8 月），整个海域 2003 年比多年平均要高 0.5 ℃左右。例如，在涠洲岛附近，多年平均温度为 31.2 ℃，而 2003 年达到 31.7 ℃。

（4）秋季（11 月），整个海域 2003 年比多年平均要高 0.5 ℃～1.0 ℃。例如，在涠洲岛附近，多年平均温度为 24.0 ℃，而 2008 年为 25.0 ℃。

根据张公俊等[6]人研究，2016 年度平均生物量为 473.61 kg/km²，春季最高，冬季最低；春季（5 月）、夏季（8 月）、秋季（11 月）和冬季（2 月）的鱼类平均生物量分别为 884.62 kg/km²、722.04 kg/km²、258.03 kg/km² 和 29.76 kg/km²。各季节鱼类资源丰度由高到低依次为春季＞夏季＞秋季＞冬季，年平均丰度为 417.9×10^3 ind/km²，春季、夏季、秋季和冬季的鱼类平均丰度分别为 263.2×10^3 ind/km²、124.8×10^3 ind/km²、21.8×10^3 ind/km² 和 8.1×10^3 ind/km²。

根据傅昕龙[8]等人调查结果，2012 年 1 月（冬季）、4 月（春季）、8 月（夏季）、11 月（秋季）在北部湾西北部广西近海 4 个航次的渔业资源调查资料表明，该调查海域共鉴定鱼类 125 种，鱼类资源质量密度夏季（402.46 kg/km²）＞春季（343.22 kg/km²）＞秋季（145.13 kg/km²）＞冬季（53，99 kg/km²）；尾数密度春季（84.34×10^3 尾 /km²）＞夏季（51.54×10^3 尾 /km²）＞秋季（26.53×10^3 尾 /km²）＞冬季（16.81×10^3 尾 /km²）。

由以上对比可以看出，不同的月份调查就会有不同结果，也会有不同结论，与温度的关系也不是单一的。鱼类资源生物量和丰度高值主要是在春、夏季，因此，春、夏季温度变化可能与渔获量多寡有更密切的关系。

参考文献

[1] 李冠军, 邱永松, 王跃中. 自然环境变动对北部湾渔业资源的影响 [J]. 南方水产, 2007, 3 (1): 7-13.

[2] 凌炜琪, 张丽姿, 吴文秀, 曾笑薇, 招春旭, 冯波, 颜云榕. 环境变化对北部湾海域春季鱼类多样性的影响 [J]. 2023, 44 (1): 82-91.

[3] 金显仕, 邓景耀. 莱州湾渔业资源群落结构和生物多样性的变化 [J]. 生物多样性, 2000, 8 (1): 65-72.

[4] 袁华荣, 陈丕茂, 秦传新, 黎小国, 周艳波, 冯雪, 余景, 舒黎明, 唐振朝, 佟飞. 南海柘林湾鱼类群落结构季节变动的研究 [J]. 南方水产科学, 2007, 13 (2): 26-35.

[5] 王雪辉, 邱永松, 杜飞雁, 林昭进, 孙典荣, 黄硕琳. 北部湾鱼类群落格局及其与环境因子的关系 [J]. 水产学报, 2010, 34 (10): 1580-1586.

[6] 张公俊, 杨长平, 孙典荣, 等. 北部湾中北部海域鱼类群落的季节变化特征 [J]. 南方农业学报, 2021, 52 (1): 2861-2871.

[7] 李菲萍, 吴志强, 钟志坚, 等. 厄尔尼诺现象对广西海洋捕捞产量的影响 [J]. 海洋湖沼通报, 2011 (3): 62-6.

[8] 傅昕龙, 徐兆礼, 阙江龙, 严太亮. 北部湾西北部近海鱼类资源的时空分布特征研究 [J]. 水产科学, 2019, 38 (1): 10-17.